JN193238

油水分離器の分離水船外排出弁（p.67）

発電機原動機の油汚れ（p.89）

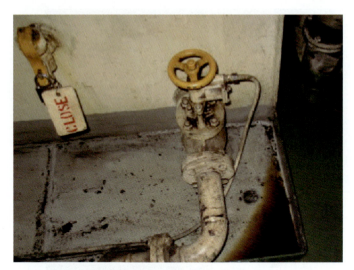

タンクコーミングの油溜り（p.89）

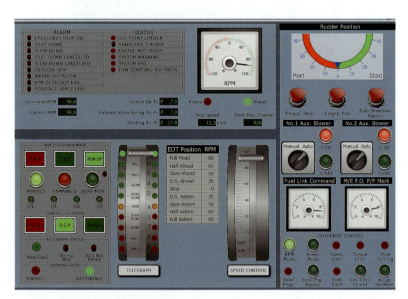

トラブル発生前の機関制御室エンジンコントロールコンソール（p.163）

S.NO.	TIME	PARAMETER	UNIT	STATUS	ALARM VAL	CURR. VAL
0009	15:11:01	Turbine Gen. Condenser Vacuum (bar)	bar	High	-00.5	00.0
0010	15:11:01	Diesel Gen. No.1 Start/Stop	St/Sp	A-Stop	Start	Start
0011	15:11:01	Engine Room Alarm	Alarm	Reset	----	00.0
0012	15:11:02	Turbine Gen. vacuum pump no.2 Start/Stop	St/Sp	STBY-START	Start	Start
0013	15:11:16	Turbine Gen. Low Vacuum Trip	Trip	Trip	----	00.0
0014	15:11:16	Turbine Gen. Trip	Trip	Trip	----	00.0
0015	15:11:17	Turbine Gen. Low Vacuum Trip	Trip	Reset	----	00.0
0016	15:11:17	Emer. Gen. Start/Stop	St/Sp	STBY-START	Start	Start
0017	15:11:17	Steering Gear Motors Not Running	Alarm	Alarm	----	00.0
0018	15:11:17	Main Sea Water Pressure	bar	Low	01.1	02.1
0019	15:11:18	Auxiliary S.W. Pressure Low	Alarm	Alarm	----	00.0
0020	15:11:19	Diesel Gen. No.1 J.C.W. Inlet Pressure	bar	Low	01.4	01.8
0021	15:11:19	Diesel Gen. No.2 J.C.W. Inlet Pressure	bar	Low	01.4	01.8
0022	15:11:19	Diesel Gen. No.3 J.C.W. Inlet Pressure	bar	Low	01.4	01.8
0023	15:11:19	M.E. Jacket Cooling Water Pressure	bar	Low	01.7	02.1
0024	15:11:23	Auxiliary S.W. Pump No.1 Start/Stop	St/Sp	STBY-START	Start	Start
0025	15:11:24	Steering Gear Motors Not Running	Alarm	Reset	----	00.0
0026	15:11:24	M.E. F.O. Viscosity Low	Alarm	Alarm	07.2	01.0
0027	15:11:24	Auxiliary S.W. Pressure Low	Alarm	Reset	----	00.0
0028	15:11:24	jacket cooling inlet pressure low slow down	Alarm	Alarm	00.8	00.0
0029	15:11:24	M.E. Auto Slow Down	Alarm	Alarm	----	00.0
0030	15:11:25	M.E. Fuel Oil Pressure	bar	Low	06.4	07.2
0031	15:11:26	Deck Seal Low Flow Alarm	Alarm	Alarm	----	00.0
0032	15:11:26	M.E. Fuel Oil Pressure	bar	Reset	06.5	07.2
0033	15:11:26	Aux. Blr. Low Feed Water pressure	Alarm	Alarm	-01.0	00.0
0034	15:11:28	Diesel Gen. No.1 Fuel Oil Pressure	bar	Low	01.0	02.8
0035	15:11:28	Diesel Gen. No.2 Fuel Oil Pressure	bar	Low	01.0	02.8

T/G に異常発生後の機関監視モニターの ALARM LOG（p.164）

トラブル発生後の発電機の POWER MANAGEMENT SYSTEM（p.165）

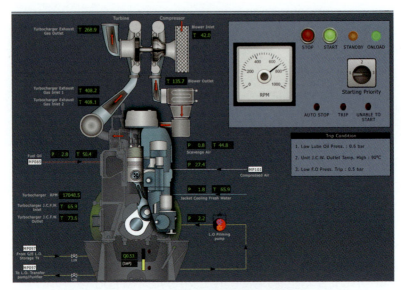

BACK UP した No.1 D/G の運転状態監視画面（p.166）

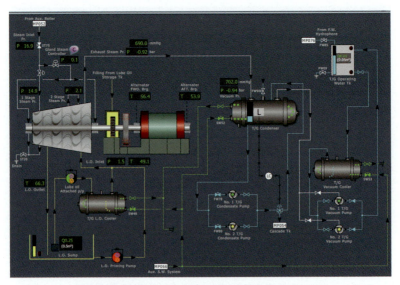

T/G 再運転後の T/G の運転状態監視画面（p.168）

実践 舶用機関プラント管理術

明野　進　著

KAIBUNDO

まえがき

　船舶での海上運送には，荒天遭遇，衝突・座洲座礁事故，機関事故，貨物の損傷などさまざまな海難事故のリスクが伴います。また，民間の商船では運送の効率性追求や運航スケジュール維持は必要不可欠です。このような背景により，海上運送に従事する船舶乗組員の目指すところは安全に，効率よく，確実に貨物を運ぶことです。

　船舶には運航要員として船長，航海士の他に，機関プラントを運用・保全する船舶機関士が乗船していますが，船舶機関士の業務は船長や航海士と協力して船舶を運航し，安全に，効率よく，確実に貨物を運ぶことと言えます。また，現在の船舶の運航においては，船上の管理者である船長や機関長と，陸上の船舶管理者や運航管理者の協力体制も重要です。

　船舶機関士の業務目標を，もう少し具体的に言えば，以下のようになります。

安全 → 人身事故，環境汚染事故，機関事故などの海難事故を発生させないこと

効率 → 燃料消費の節減，保守・修繕や潤滑油などのコストをミニマイズすること

確実 → 貨物損傷事故や運航に影響する機関事故を発生させることなく，運航スケジュールを維持すること

　船舶機関士はこの業務目標を達成するために，機関プラントをどのように管理すべきなのでしょうか。機関プラントの適切な管理を行うには，技術的な管理だけではなく，管理に携わるメンバーのチームマネジメントも大切です。また，船舶機関士が船上でさまざまな業務を行う場合，その業務の目的やリスクを考えると，必ず頭に置いておかねばならない重要なポイントはどのようなことでしょうか。

　本書では，外航大型商船（ディーゼル主機搭載）をイメージして，船舶機関士がどのように機関プラントを管理すべきなのか，とくに機関部門の責任者である機関長の視点から実践的な管理手法や管理のポイントをまとめました。また，事故事例やコスト試算，書式のサンプルなどを例示して，読者が理解しやすいように努めています。これから，船上で機関長を目指す方や，陸上の船舶管理部門で管理者になられる方に，是非，参考にしていただきたいと思います。

目　次

第❶章
機関プラントの現状把握と評価

　外航商船の乗組員は多くの場合，これまで経験がない初めての船舶に乗船し職場とします。船舶機関士が初乗船して直ちに行わなければいけないことは，その船舶の機関プラント全体を理解し，現在のプラントの状態を把握することです。以前に類似した機関プラントを搭載した船舶に乗船した経験を有していても，船舶が違えばプラントの状態は異なるものです。機関プラントの現状を把握するためには，実際に乗船して得られる情報からプラントの状態を評価する知識や能力が必要ですが，乗船前に陸上の船舶管理担当者との打ち合わせを綿密に行い，事前に予備知識を得ておくことも重要です。

1.1　管理する機関プラントの理解

1.1.1　機関プラントの概要把握

　乗船後，機関プラントをできるだけ早く理解するために，まず，プラントの仕様書や要目表などに目を通し，以前に経験したプラントとの違いから全体像を大づかみで把握するのがよいでしょう。たとえば，完成図書としてその船舶を建造した造船所から支給されている，以下のような図書の内容を確認することが有効です。

- 機関部／電気部仕様書（Specifications）
  機関プラントの仕様や設計条件を確認できる。
- 機関部／電気部主要目表（Principal Particulars）
  機関プラントを構成する機器の主要目を確認できる。

- 機関部配管系統図（Piping Diagram）

  配管系統を通じて機関プラントを構成する機器の種類，台数，つながりなどが確認できる。

- 電力表（Analysis Table of Electric Power）

  船内電力の配分計画や非常時の電力供給先を確認できる。

　また，船舶機関士としては当然のことですが，初めて取り扱いを経験する機器については，乗船後できるだけ早いタイミングでその機器の運転，保守に関する取扱説明書を読み，内容を理解した上で管理上のポイントを把握する必要があります。

1-2.　Design Condition

　　Main and auxiliary machinery shall be designed on the basis of the following conditions unless otherwise specified hereinafter.

　1-2-1.　Main engine

　　1)　Rating condition

　　　　The engine shall be designed on the basis of the following condition for the rating.

Sea water temperature	32 ℃
Ambient temperature	45 ℃
Atmospheric pressure	100 kPa [750mmHg]

　　2)　Kind of fuel oil

　　　　The main engine shall be designed to burn heavy fuel oil. And diesel oil shall be used before long term stopping and at cold starting.

　　　　The heavy fuel oil should have characteristics recommended by engine manufacturer.

　　　　Heavy fuel oil shall be sufficiently cleaned, purified and heated to keep the viscosity of 10-15 mm^2/s [cSt] at the inlet of fuel injection pump.

　　3)　Other

　　　　Surging margin of turbo charger shall be not less than 15%. And target figure of turbine blade life and blower impeller life shall be 80,000 hours.

図表 1.1　機関部仕様書
Design Condition の記述箇所のサンプル（一部）

3. ELECTRIC GENERATING EQUIPMENT

3-1. DIESEL GENERATOR

	TYPE AND NO.	4-CYCLE, SINGLE ACTING, TURBO-CHARGED DIESEL ENGINE (　6EY18AL　)　　　3 SETS			
G E N E R A T O R　E N G I N E	PRINCIPAL DIMENSION	NO. OF CYLINDER	6	CYLINDER BORE	180 mm
		PISTON STROKE	280 mm	PISTON SPEED	8.40 m/s
	BRAKE HORSE POWER x R.P.M	660 kW　[897 PS]　　x　　900 rpm			
	PRESSURE Pmax. / Pme.	19.0 MPa　/　2.058 MPa [194 kg/cm^2　/　20.99 kg/cm^2]			

図表 1.2　機関部主要目表
Electric Generating Equipment の記載箇所のサンプル（一部）

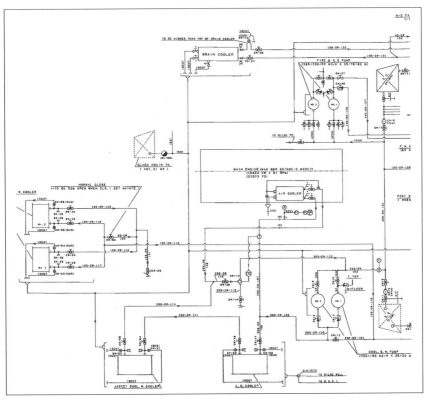

図表 1.3　機関部配管系統図
冷却海水系統のサンプル（一部）

************* GENERATOR LOAD SUMMARY *******					
CONDITION OF SHIP	NAV (winter) without fan		NAV (summer) without fan		NAV (winter) with 1/2 fan	
***** LOAD GROUP *****	kW		kW		kW	
	CONTI.	INTER.	CONTI.	INTER.	CONTI.	INTER.
MACHINERY PART (1)	309.7	11.8	309.7	11.8	307.8	11.8
MACHINERY PART (2)	178.4	47.3	171.5	47.3	178.4	47.3
DK PART & 100V LOAD	55.0	40.0	81.1	42.4	463.8	42.4
SPECIAL LOAD						
EQUIPMENT POWER (TOTAL Pc & Pi)	543.1	99.1	562.3	101.5	950.0	101.5
DIVERSITY FACTOR (DIF)	——	3.0	——	3.0	——	3.0
DEMANDED LOAD	——	33	——	33.8	——	33.8
GRAND TOTAL P(average)	543.1 kW		562.3 kW		950.0 kW	
GRAND TOTAL P(peak)	576.1 kW		596.1 kW		983.8 kW	
GENERATOR IN SERVICE	MG x 1		MG x 1		MG x 2	
DEMAND FACTOR DF(average)	49.4%		51.1%		43.2%	
DEMAND FACTOR DF(peak)	52.4%		54.2%		44.7%	

図表 1.4　電力表の例
航海中の Generator Load Summary 記載箇所のサンプル（一部）

1.1.2　緊急時対応の把握

　船舶機関士，とくに機関プラントの管理責任者である機関長は，トラブル発生時には的確な対応を迅速に行い，重大災害を回避することが求められています（詳細は後述）。緊急事態への対応は基本的にはどの船舶でも同じですが，具体的な対応方法は船舶が違えば異なります。よって，以下のような緊急時の対応手順書や現場の状況を乗船後できるだけ早く確認しておくことが大切です。

- 主機の機側操縦手順
- 操舵機の非常運転手順
- 緊急ビルジの排出手順（図表 1.6）
- 機関室火災の消火手順（危急遮断弁操作／機関室通風遮断／防火ドアの開閉方法，二酸化炭素放出などの消火装置操作方法，消火ポンプ／非常用消火ポンプの起動方法）
- 非常用発電機の起動手順（図表 1.7）と給電個所
- 船内電源喪失時の復旧手順
- 機関室からの非常脱出経路

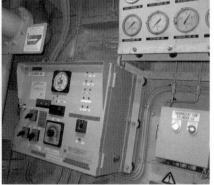

(a) 機械的な機側操縦装置 　　　　(b) 電子制御式主機の機側電子式操縦盤

図表 1.5　主機機側操縦装置
主機遠隔操縦ができなくなったときの非常用操縦装置

Discharging by Emergency Bilge Line.

When pumping out water by using of the Emergency Bilge Line, establish the discharge line by changing valves in accordance with the following list, and start up the **No1 Main C. S. W. Pump.**

Valve Name	Valve No.		Normal Condition	Emergency Bilge
Sea Suction	051VPH		Open	Close
Emergency Bilge Suction	052VPH		Close	Open
Main C S.W.PP Disch valve.	057VPH		Open	Open
To Overboard	006VPH		Open	Open

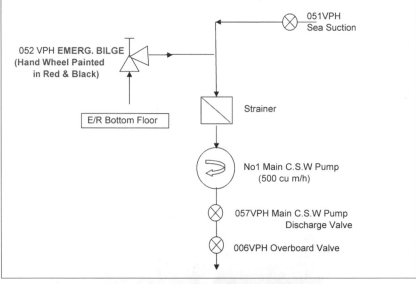

図表 1.6　緊急ビルジの排出手順のサンプルおよび緊急ビルジ吸入弁
緊急ビルジのバルブはチェーン固縛や，Caution Plate で誤操作を防止する。

図表 1.7　非常用発電機の起動手順のサンプル

1.1.3　機器の来歴，特殊事情の把握

　船舶は通常，20 年，30 年もの長期間にわたって使用されるために，機関プラントについても就航後，故障・修繕，改造，整備などのさまざまな来歴を持っています。それらの来歴を把握しておくことは，機関プラントを管理する上で極めて重要なポイントです。たとえば，過去に同じ機器で同じような故障が何度か発生している場合は，プラントの管理上，とくに注意をしておく必要があります。これまでの故障対策が十分ではなかった可能性や取り扱い上に特別な配慮が必要である可能性があるためです。

　また，船舶の機関プラントには，経験則によるそのプラント独自の機器の運用方法や，恒久的な対策までの暫定的な運用方法などが存在することが少なくありません。そのような機器の来歴や特殊事情は，以下のような記録や報告書で確認できます。

- 機器の故障報告（Failure Report）

機器の故障発生とその対応などの履歴を確認できる。

- 機器の整備記録（Maintenance Record）

  機器の改造や整備／部品交換などの履歴を確認できる。

- 業務引き継ぎ書

  プラント管理上，とくに注意しておく点や自船の特殊事情を確認できる。

Date of Failure: 12th Feb. 2011		Ship's Condition:	☐ Nav. (UMS) ☐ Nav. (Watch) ☐ During S/B ■ In Port
Place of Failure: Honolulu			☐At Anchor ☐ In Docking
Name of Failure and Equipment/Machinery: Generator Engine, Cam Shaft		Manufacturer: DAIHATSU Type: 5DK-26	
Mode of Discovery: ■Alarm ☐ Rounds/Inspection ☐ MO Check ☐ Maintenance Work ☐ Abnormality during Operations		Effect on Service: Nil	Effect Time: Nil
Phenomenon or Condition of Failure: While the No.3 diesel generator engine was running, it tripped due to low LO pressure, which led to blackout. During the subsequent inspection, broken bearing metal pieces were found inside the crankcase, and the camshaft was shifted to the fly wheel side 7-8mm. Waste cloth was also found in the LO passage to the camshaft bearing.			
Emergency or Temporary Measures:			
Final or Subsequent Treatment: The camshaft and camshaft bearings were exchanged by the manufacturer's engineers. The LO tank and pipe lines were cleaned. The main bearings, pistons, and cylinder heads were inspected, and they were all in good order.			
Direct Cause of Failure: Waste cloth had entered the LO line.		Presumed Reason for Direct Cause: Two days before this incident, the LO filter had been exchanged.	

図表 1.8　故障報告（Failure Report）のサンプル
このサンプルでは，No.3 ディーゼル発電機のトラブルによって，
カムシャフトとカムシャフト軸受を取り替えた来歴が確認できる。

引継ぎメモ

〇〇一機士殿

2014 年 09 月 03 日
一機士　△△

乗船お疲れ様です。

弊職はシンガポールドック前の 4 月 1 日、〇〇にて乗船しました。

航海概要及び就業内容に大きな変更は無く、弊職乗船後に実施した作業及び会社からの指示事項、機器の現状等を中心に記載します。

＜中略＞

2－3 Stern Tube
現在のところ懸案事項はありません。 2014 年 8 月 22 日〇〇港にて AFT AIR SEAL の水洗作業を実施しました。
今回のドック（2014 年）では船尾側 3 本のシールリング取替を実施しました。
その際ライナーの＃1 シールリングリップ接触部に当り面深さ 1mm 程度の溝が確認されたのでスペーサー（20 ㎜）を取り外し、リップの当り面を 20 ㎜船首側へ移動しました。
取外したスペーサーは機関室スペアーパーツルームの棚の上に保管してあります。
ウェアーダウンゲージは新たに作成した格納箱の中で、計測した結果も入れてあります。（キャビネットA-9-5）

磨耗の対策としてシールエアーの流量を最大値の 40NL/min とし、＃1 リングの接触を出来る限り抑えることにしています。（ドック出しから実施中）
又、シールエアーに湿りのある雑用空気を用いています。（雑用空気の配管は、今回のドックで設置済み）

【書類関係】S/T の RUNNING DATA を『E-12 S/T BEARING MONITORING SYSTEM』及び NK 提出用（10年軸）の軸受温度計測記録に記録してください。
【潤滑油陸上分析】 次回は 2014 年 12 月の予定です。

図表 1.9　前任者からの引き継ぎ書のサンプル
このサンプルでは，船尾管シール装置に関する本船の特殊事情が確認できる。

1.1.4　機器メーカーの技術情報の把握

　初めて経験する機器を扱う場合には，その機器の取扱説明書／保守説明書を読み，機器の構造，機能や運転，保守に関する知識を得ることが必要となります。主機関などの重要な機器については，乗船前にメーカーの用意する技術研修を受講する機会があるかもしれませんが，船上にある各種マニュアルを読み，理解を深めて業務を行うことは船舶機関士の基本です。

　一方，船舶は建造後に長期間にわたって使用されるため，製造後に発生した不具合などによって，機器メーカーが運転指針や保守作業基準などを見直すことが少なくありません。たとえば，トラブルの多発から，ディーゼル機関メーカーがクランクピンボルトの締め付けをトルク締めから角度締めに変更したような事例です。そのような情報は，機器メーカーから技術サービス情報などのかたちで発信されますので，乗船した後に最新のサービス情報を必ず確認しておきましょう。

1.2　機関プラントの現状評価，不具合の発見

1.2.1　運転データの確認

　運転データは機関プラントの現状を把握する上で重要な情報ですので，モニタリングシステムで自動的に採取される他，船舶機関士が定期的に計測し，記録します。通常，以下のような書式に記録されますので，過去のデータも確認できます。

- 機関日誌（Engine Log Book）
  常時モニタリングされている機関プラントの主要な運転データや機器の運転時間，燃料油／潤滑油／水の消費量や手持ち量などを毎日定期的に取りまとめた記録
- 機関撮要日誌（Chief Engineer's Condensed Log）

機関日誌のデータを航海毎や月毎に取りまとめた記録

- M ゼロチェックリスト

　機関室を無人（M ゼロ状態）にすることが可能であるか判断するために，機関プラントの状況，運転データを毎日記述した記録

- 主機運転状況報告（Main Engine Power Data）

　通常航海中に主機の運転状態を評価するために詳しくデータを採取した記録

- 補機関運転状況報告

　ディーゼル発電機原動機の運転状態を評価するために詳しくデータを採取した記録

Chief Engineer's Condensed Log

Vessel Name: ABC LAURA　　　Month / Year　Dec-10　　　Voyage No.2203-E

Date (1200hrs)	Status (at sea / port)	Wind Direction (by degree)	Wind Force	HUW	HOURS PROP	AVE SPEED by LOG	AVE SPEED by OG	Slip %	ME Sea Fuel F.O	ME Sea Fuel D.O	ME Sea CYL OIL	ME Port Fuel F.O	ME Port Fuel D.O	ME Port CYL OIL	D/G Sea Fuel F.O	D/G Sea Fuel D.O	D/G Port Fuel F.O	D/G Port Fuel D.O
1st	AT SEA	WEST	4.0		24.0	518	511	2.4	68.9		270				5.1			
2nd	AT SEA/PORT	WEST	4.0		20.5	375	372	5.2	44.0		205				5.0			0.2
3rd	AT SEA	WNW	4.0		10.5	174	175	8.1	20.2		130				4.4			0.4
4th	AT SEA	WNW	3.0		25.0	418	420	6.5	45.4		170				4.7			
5th	AT SEA	NE	3.0		24.0	404	404	4.9	41.2		160				4.6			
6th	AT SEA	NNE	4.0		25.0	427	431	6.1	45.2		190				4.7			
7th	AT SEA	SE	4.0		24.0	404	403	5.5	41.1		160				4.4			
8th	AT SEA	SE	4.0		25.0	457	457	4.5	49.8		190				4.7			
9th	AT SEA	SE	4.0		24.0	408	408	5.7	42.4		175				4.7			
10th	AT SEA/PORT	SE	5.0		18.5	323	326	6.0	35.4		150				4.4			0.2
11th	AT PORT																4.3	
12th	AT SEA	EAST	4.0		15.0	273	273	3.4	30.1		165				4.5			0.2
13th	AT SEA	SSE	5.0		25.0	423	424	5.4	43.5		180				5.1			
14th	AT SEA	NE	4.0		24.0	404	406	5.5	42.1		170				4.9			

図表 1.10　Chief Engineer's Condensed Log のサンプル（一部）

ME Power Data

GENERAL INFORMATION

SHIP'S NAME	M.V.		DATE OF DELIVERY	27/02/2009	DATE OF LAST DOCKING	
M/E TYPE				MCR POWER (kW)	21,770	M/E RPM	91.0
CYL DIA. (mm)	700	STROKE (mm)	2,800	SFOCR (g/kWh) [From Sea Trial Data]	176.5	

ENGINE DATA

DATE	05 Dec. 2010	VOY.NO	1302W	LINE	ALEX-2		FROM	Manzanillo		TO	Honolulu		TOTAL R.H	11,874
RPM	86.0	HANDLE POS.	85.1	L.I POS.	67.0	GOV. INDEX	65.0	FQS			LOG SPEED		21.5	
DRAFT F/A	7.42	8.50	DISPLACEMENT		29,124.6					SLIP		4.4		
WEATHER	Cloudy	SEA CONDITION	mod.	WIND FORCE		4	WIND DIRECT		SE					

TEMPRATURE deg. C

FO IN	130	SCAV.AIR	43	JCFW INLET	76	T/C LO IN	44	LO INLET	44	ENG. RM	32	SW	22

PRESSURE MPa

FO IN	0.68	SCAV.AIR	0.187	JCFW INLET	0.302	T/C LO IN	0.23	LO INLET	0.25	SW	0.18

	ALLOW	#1	#2	#3	#4	#5	#6	#7	#8	#9	#10	MEAN
P-COMP MPA	14.39	10.50	10.80	10.60	10.80	10.50	10.50	10.50				10.60
P-MAX MPA	15.10	12.50	13.00	13.00	13.00	12.50	13.00	12.50				12.79
P-Mi MPA	1.90	1.58	1.58	1.58	1.58	1.58	1.58	1.58				1.58
IHP KW		2,423	2,423	2,431	2,423	2,423	2,423	2,423				2424
EXH. GAS TEMP	430	250	249	244	268	256	264	258				256
JCFW OUT TEMP	90	85	85	85	86	85	85	85				85
PISTON CLG OUT TEMP	65	51	51	51	51	51	51	51				51

	Specific Gravity	Temperature	Volume Correction Factor	SG x VCF	Consumption	Calorific Value (MJ/kg)
FUEL OIL	0.9881	96	0.94573	0.9345	71.01 MT/day	40.2
CYL.OIL	0.9300	32	0.98810	0.9189	288.0 L/day	

SFOCR	172.00	g/KWh
Cyl. oil feed rate: Qact	0.64	g/KWh
Cyl. oil feed rate: Qmcr	0.54	g/KWh

Running in No.3 cyl. For piston drawing on 21st Sep. 2010
Alpha Lube ACC No.3 cyl~0.74 g/kwh, Other cyl~0.67 g/kwh

		ALLOW	#1	#2	#3
T/C	RPM	13,500	9,050		
	EXH. GAS TEMP IN	540	357		
	EXH. GAS TEMP OUT	450	231		
	LO OUT TEMP	95	58		
AIR COOLER	AIR TEMP IN	210	155		
	AIR TEMP OUT	56	49		
	AIR DIFF. PRESS mmAq	300	235		

	POWER (KW)	LOAD
CALCULATION	17,202.0	79.0 %
SEC POWER METER		%
ENGINE ANALYZER	16,975	
ENG. ANLY X MECH. EFF	78.00 %	
BHP Form Analyzer		%

図表 1.11　Main Engine Power Data のサンプル

このデータシートの目的は，①現在の主機運転データが正常であるか確認すること，②主機の整備作業後に運転データの変化を確認すること，③過去の主機運転データと比較して経年による変化を確認することなどである。

1.2.2　運転データの評価

　採取された機関プラントのデータは，正常値なのか異常値なのかを評価しなければ意味がありません。機関プラントの主要なデータは常時モニタリングされており，正常値を大きく外れると警報を発しますので異常を察知できますが，それ以前に正常値を外れつつある兆候をデータの変化から把握しておくことは，トラブル予防の面から重要です。

　また，航走海域の外気温，海水温，海象状態や自船の喫水の深さによっても，機関プラントのデータは変化しますので，データの評価に当たっては考慮する必要があります。

（1）近い過去のデータとの比較

　現在の運転データを前日や2～3日前のデータと比較することによって，短期間のデータ変化を見つけることができます。短期間での運転データの変化があった場合は，理由を徹底的に追及することによって，まだ表面化していないトラブル発生を察知することができます。

　たとえば，2～3日前と比較して，急に自動逆洗式燃料ストレーナの差圧が大きくなった場合は自動逆洗機能の不具合，燃料の性状変化，清浄機の清浄機能不良などが疑われます。また，2～3日前から徐々に缶水の消費量が増えてきたというような場合は給水，缶水や蒸気がどこかで漏洩している可能性が高いと思われます。このような発見は，毎日，採取したデータを注意深く評価することによって可能となります。

　また，1航海前の同じ運航コンディション（喫水，主機出力）での運転データと比較することも有効です。たとえば，主機のあるユニットの燃料噴射弁の燃料噴射不良が徐々に進行し，そのシリンダ出口排気温度だけ上昇傾向にあるというような異常も，主機運転状況報告（前述）で1航海前のデータと比較すると容易に発見できます。

　短期間での運転データの変化はトラブルの兆候である場合が多く，見逃さないようにしたいものです。

（2）建造時や出渠時のデータとの比較

　船体や機器の経年による汚れや劣化によって，機関プラントの運転データは変化します。したがって，船舶建造時から比べて現在どの程度，性能が低下しているのか把握することは運転データを評価する上で重要です。

　主機や発電機であれば，通常，建造時の陸上試運転や海上試運転のときに採取されたデータが Shop Trial Records，Sea Trial Records として記録されています。現状のデータと試運転時のデータを比較し，また性能曲線上にプロットすることによって，データの変化を読み取ります。

　たとえば，主機陸上試運転の性能曲線上に現在の掃気圧，排気温度，過給機

14

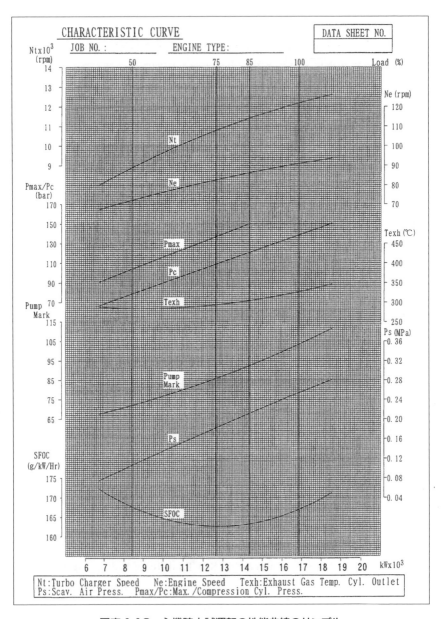

図表 1.12　主機陸上試運転の性能曲線のサンプル
この性能曲線は，Shop Trial Records として，完成図書に含まれている。

SNc										(2/5)
KIND OF TEST		SPEED TEST								CONT. RUN TEST
OUTPUT RATING		50 % LOAD		70 % LOAD		85 % LOAD		100 % LOAD		N.C.O.
TEST NUMBER	UNIT	1	2	1	2	1	2	1	2	1
ATOMOSPHERIC PRESSURE										
MAIN FLOOR	hPa							1014.0		1012.0
3RD DECK	hPa							1013.0		1011.0
2ND DECK	hPa							1011.0		1010.0
INSIDE OF ENG. CASING	hPa							1009.0		1008.0
OUTSIDE OF ENG. CASING	hPa							1008.0		1007.0
TEMPERATURE										
SEA WATER	℃			32	32	32	32	32	32	33
ATOMOSPHER	℃			28.0	28.0	28.0	30.0	30.0	31.0	32.0
MAIN FLOOR	℃			34.5	34.5	34.5	34.8	34.8	35.0	36.0
3RD DECK	℃			37.8	37.8	37.5	37.8	37.8	38.0	39.3
2ND DECK	℃			36.0	36.0	35.5	35.0	35.5	36.0	37.5
"A" DECK	℃			36.0	36.0	36.0	36.0	36.0	37.0	38.0
MAIN ENGINE										
TEMPERATURE OF EXHAUST GAS CYL.OUT										
CYL.NO.1	℃			344	347	353	353	373	374	356
CYL.NO.2	℃			336	335	344	345	364	362	344
CYL.NO.3	℃			330	330	345	344	367	366	345
CYL.NO.4	℃			332	329	344	345	368	363	343
CYL.NO.5	℃			330	329	345	343	366	364	341
CYL.NO.6	℃			321	322	332	332	353	349	331
AVERAGE	℃			332	332	344	344	365	363	343
PISTON COOL.OIL INLET	℃			45	45	45	45	45	45	45
PISTON COOL.OIL OUTLET										
CYL.NO.1	℃			53	53	54	54	55	55	54
CYL.NO.2	℃			53	53	54	54	55	55	54
CYL.NO.3	℃			53	53	54	54	55	55	54
CYL.NO.4	℃			53	53	55	54	55	55	55
CYL.NO.5	℃			53	53	55	55	55	55	55
CYL.NO.6	℃			54	54	55	55	56	56	55
AVERAGE	℃			53	53	55	54	55	55	55
JACKET COOL.WATER	℃			72	72	71	71	71	71	72

図表 1.13　海上試運転時の主機運転データ記録のサンプル（一部）
この運転データの記録は，Sea Trial Records として，完成図書に含まれている。

回転数などをプロットすれば，新造就航時からどの程度，運転データが変化しているか明らかになり，主機整備計画を策定する上での判断材料になります。また，ピストンが油冷却方式のディーゼル主機において，海上試運転時と現在のピストン冷却油のシリンダ出入口の温度差の変化に着目すると，ピストンクラウン冷却面の汚れ具合の判断材料になるでしょう。

　船舶建造時のデータと比較するだけでなく，前回の出渠直後のデータと現在のデータを比較すれば，出渠後からの性能低下を確認できます。とくに，入渠中に船体や機関に大規模な性能改善工事がなされた場合などは，出渠直後と1年後，2年後の機関プラントデータを比較してデータの変化を確認したいものです。

(3) 運転データの補正

　運転データを比較する場合，当然，データ採取時の条件をできるだけ同じにする必要がありますが，実際はすべての条件を同じにはできないので，データの補正を考えなければいけません。とくに，機関室内の温度，海水温度，船尾の喫水などは機関プラントのさまざまなデータに直接影響します。また，海象状態も主機の運転データへの影響が大きいと言えます。

　たとえば，通常，ディーゼル機関では機関室内の温度（過給機吸入空気温度）が上昇すると，各シリンダ出口の排気温度も上昇します。過給機吸入空気温度が10℃上昇すると排気温度が約15℃上昇する機関では，それを考慮して排気温度のデータを評価する必要があります。また，船尾の喫水が深くなれば，当然，海水ポンプの入口圧力が上昇しますので，海水系統全体の圧力が上昇します。

　航走海域の海水温度の変化は，以下のような機器の状態に影響を及ぼします。

- 主海水循環弁の開度
- 海水冷却式クーラーの温調弁の開度
- タービン原動機の復水器や造水器の真空度
- 圧縮式冷凍機のガス圧力

どの程度のデータ補正が必要なのか（補正係数）は，これまでの実績データから推測するか，造船所や機器メーカーに確認するのがよいでしょう。

1.2.3　トルクリッチ状態の把握

(1) トルクリッチとは

　無風で潮流のない平水で船舶を航行させたとき，ディーゼル主機の出力は回転数の約 3 乗に比例します（舶用特性）。しかし，実際の航海では，風や波浪の外的要因や船体やプロペラの汚れといった経年劣化によって，必要な回転数を得ようとすると舶用特性よりも大きな出力を必要とします。この状態をトルクリッチと言います。

　トルクリッチ状態では一般的に，主機燃焼空気が不足して燃焼不良，排気温度上昇などの悪影響が生じますので，船舶建造時，あらかじめ外的要因や経年劣化を加味してプロペラを軽めに計画し，舶用特性より余裕を持たせた設計がされています（プロペラマージンを取る。図表 1.14 参照）。

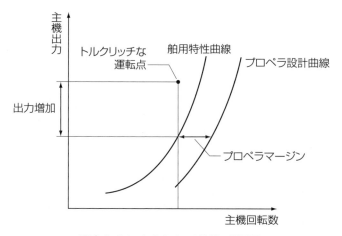

図表 1.14　トルクリッチ状態の説明図

(2) 主機運転許容範囲と出力の推定

　船舶機関士は，自船が航走中，主機がどの程度のトルクリッチ状態で運転されているのか，把握しておく必要があります。トルクリッチの状態をモニター

画面上で確認できる船舶もありますが，そうでなければ主機の取扱説明書に記載されている運転許容範囲図（Main Engine Load Diagram）を使って，図上に現在の主機の回転数と出力を定格に対する割合でプロットして，運転許容範囲内で運転されているか確認します。

　図表 1.15 の例では，運転ポイントが A の常用推奨範囲内であれば問題なく，B の運転許容範囲も注意すれば運転は可能な領域です。B の領域よりも左側は厳しいトルクリッチ状態になっていますので，避けなければいけない運転領域です。

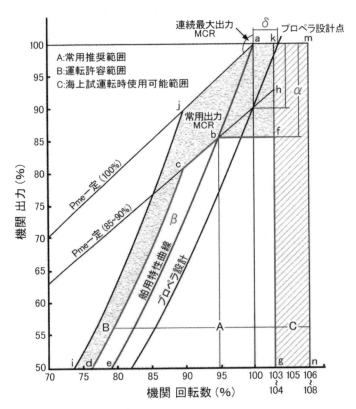

図表 1.15　主機運転許容範囲図（Main Engine Load Diagram）のサンプル
（出典：船舶管理実務 基礎編，日本船舶機関士協会）

　運転中の主機出力は，出力計が装備されていない場合には燃料ポンプマークや過給機回転数，燃料消費量などから推定することになります。燃料ポンプマークや過給機回転数から主機出力を推定するときは，運転中のそれらの数値を陸上試運転時や海上試運転時の主機性能曲線（図表 1.12 参照）上にプロットして求めます。しかし，建造時からの経年劣化で，主機性能曲線が少し変化していることを考慮する必要があります。

　また，燃料消費量から主機出力を求めるには，以下の計算式を用いますが，こちらも，実際の燃料消費率は海上試運転時に比べて悪化（一般的に 2～3 ％ 程度）していることを考慮する必要があります。

$$主機出力 = \frac{現在の1時間当たり燃料消費量}{海上試運転時の燃料消費率} \times \frac{現在の使用燃料発熱量}{海上試運転時の使用燃料発熱量}$$

　出力計の装備の有無にかかわらず，実海域では正確な主機出力を把握することは難しく，どのような方法で出力を求めてもある程度の誤差があることは認識しておく必要があるでしょう。

(3) 浅水影響によるトルクリッチ

　船舶は水深の浅いところを航行するとき，船底と海底の距離（Under Keel Clearance：UKC）が近いので船底部周囲の水の流速が速くなり，船体が下方へ引かれ喫水が増加します。これを浅水影響と言いますが，水深が喫水の約 2 倍以下になると顕著になるようです。実際の船舶運航においても水深が浅い海域を高出力で航走する場合がありますが，UKC が小さいときには浅水影響によって船体が沈下し船体抵抗が大きくなることで，主機がトルクリッチ状態に陥る可能性があります。そのような海域を航行する場合，機関長は主機の運転状態をよく把握して，必要であれば船長と船速の変更について打ち合わせなければいけません。

　著者は，水深の浅い北海（North Sea）を航走する大型コンテナ船やシンガポール水道を抜けて南シナ海で増速した超大型原油タンカーにおいて，主機のトラブルがしばしば発生しているのを見聞きしました。いまとなっては確認は

できませんが，トラブルが発生した船舶は浅水影響で一時的な激しいトルクリッチ状態に陥っていたのかもしれません。

（4）トルクリッチへの対応

　主機の運転点が舶用特性曲線から左側に離れれば離れるほど，トルクリッチの状態が激しくなり，ついには運転許容範囲を外れてしまいます。主機の運転状態を激しいトルクリッチ状態から運転許容範囲に戻すためには，トルクリッチの原因によって異なりますが，通常，以下のような対応が取られます。

- 荒天や高波の影響による場合
  → 主機運転の減速，航走進路の変更

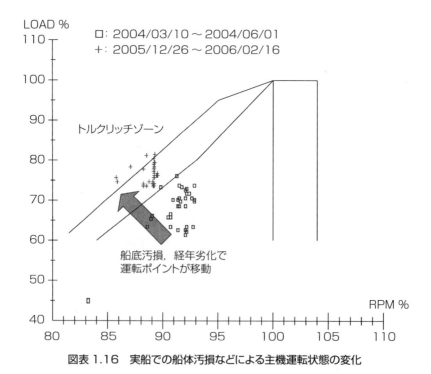

図表 1.16　実船での船体汚損などによる主機運転状態の変化

図表 1.17　船体の水中クリーニング前後

- 船体外板やプロペラの汚損による場合
    → アフロートでの船体外板やプロペラの水中クリーニング（UWC：
    Under Water Cleaning），入渠による船体外板洗浄および再塗装
- 船体外板の表面粗度の悪化による場合
    → ブラストによる船体外板の表面粗度の回復，プロペラエッジカット

　アフロートでの水中クリーニングは規制されている港湾も多く，実施できる
場所は限定されます。しかし，プロペラクリーニングは実施が比較的容易であ
り，費用対効果も得やすいと言われています。

第❷章

機関プラントの運転管理

　船舶が商船としての機能を発揮するために，船舶機関士は大洋航海状態から入港スタンバイ状態，停泊荷役中，出港スタンバイ状態と，すべての運航場面において，機関プラントの確実な運転を維持するとともに，不具合が発生したときには迅速に適切な対応をすることが求められます。

　外航大型商船では一般的に推進機関の燃料に低質重油が使用されていますが，低質重油はそのままでは機関に使用できず，時には，補油した低質重油の性状が機関の使用に適していない場合もあります。よって，燃料油の船内での前処理，性状管理を確実に実施することが，舶用機関プラントを管理する上で大切なポイントです。

　また，舶用機関の歴史は大型化，高効率化，燃料油の低質化対応の歴史であるとも言われていますが，それに伴って，厳格な潤滑油の性状管理やシリンダ油の注油量管理も機関プラントを適切に運転する上で重要になっています。

2.1　機関プラントの監視，運転維持

2.1.1　監視，運転維持の体制

　通常，スタンバイエンジンが発令される出入港時や狭水道航行時などは，機関プラントの運転や不具合に迅速に対応するために，機関制御室，機関室内は必要な人員配置が行われます。また，大洋航海中も機関プラントの監視，運転維持のために船舶機関士の当直体制を 24 時間維持します。

　一方，機関室を無人にして運転を継続できる M ゼロ資格を持つ船舶におい

ては，機関室の無人化（Mゼロ：「Mゼロ」とは（一財）日本海事協会が定めた船級を示す符号で「Machinery Space Zero Person」の略）を継続するかどうかは船長と機関長の判断によって行います。機関長は毎日，Mゼロチェックによる機器の運転状態の確認によって機関室内がMゼロを継続できる状況にあるのか判断を行い，船長の承認を得ます。通常，船舶機関士は24時間交代でMゼロ当番機関士に指名され，夜間の機関警報への対応や機関室の巡視を実施します。機関室のMゼロ状態を継続していても，主に保安面の理由から夜間の機関室巡視を行っている船舶も多いのが現状です。

　船舶機関士にとって，機関プラントの監視，運転維持のポイントは以下のようなことです。

- 現在の機関プラントの運転状態が正常であるのか，定期的にデータを採取，評価する。たとえば，空気圧縮機の運転カウンターがある場合，毎日の総運転時間を計測してその時間の変化に注意していると，圧縮空気がどこかで漏洩して圧縮空気の消費量が増加していることを容易に察知できる。

- 機関プラントの過去の故障来歴や不具合発生の傾向から，管理上，とくに注意すべき監視ポイントを把握しておく。たとえば，排ガスエコノマイザのチューブに煤が堆積しやすく，Soot Fireがたびたび発生している船舶では，航海中，排気ガス出入口のドラフトロスや排気温度の変化にとくに注意して，排ガスエコノマイザ内部の汚損の程度を推測する必要がある。

- 機関プラントの運転を大きく変更した場合や通常行わない特殊な運転を実施する場合は，さまざまな不具合が発生しやすいことを認識して事前に対応を準備する。たとえば，ディーゼル主機を長時間，低負荷運転する場合は，燃焼状態が悪くなることを想定して，運転データの監視強化や減速運転対策を行う必要がある（ディーゼル主機の長時間減速運転対策は後述）。

- 機関プラントに異常の兆候を感じたときや，不具合を発見し対応を行ったときなどは，些細なことであっても，次の当直者に引き継ぐとともに，メモなどに残して機関部チーム員全員で情報を共有する。
- 機関長は，機関プラントの監視，運転を維持する上でとくに注意すべきことや，自身に報告させる事項は，機関長命令簿（Chief Engineer's Order）に記述し，当直機関士やM ゼロ当番機関士に明示する。

機関長命令簿

TO　当直機関士

1．あらゆる情報を収集して機関プラントの監視を行うこと
2．当直中に、機関室内の巡視を最低2回、行うこと
　　入直後、および次直に引継ぐ前
3．以下の場合は機関長に直ちに報告すること
　　・機関プラントの運転に影響する機関アラームや不具合が発生した時
　　・機関プラントの運転維持に不安や疑問を感じた時
　　・火災、浸水など重大災害を探知した時
　　・船橋から機関プラントの運転を変更する指示や連絡があった時
4．主機空気冷却器用の海水パイプに破孔が発生し、現在、仮修理の状態であるので、本修理が終了するまでは、特に注意をすること

　　　　　　　　　20○○年△月 XX日　　機関長＿＿＿＿＿＿＿＿＿＿

図表2.1　機関長命令簿（Chief Engineer's Order）のサンプル

図表 2.2　機関制御室での機関プラント監視
（出典：海の仕事 .com）

＜排ガスエコノマイザの Soot Fire 事故の事例＞

　排ガスエコノマイザに鋼球散布式スートブローを装備したコンテナ船
A 号において，パナマ運河通峡 5 日後の航海中に突然，排ガスエコノマ
イザの Evaporator Exhoust Gas High Temp. の警報が発生した。直ちに
主機を減速し，警報発生 40 分後に主機を停止した。主機を停止後，排
ガスエコノマイザを点検し，Evaporator および Preheater のチューブが
焼損していること，蒸気や循環水が漏洩していることが確認された。漏
洩箇所が多く，損傷チューブのプラグアップ修理は断念して，循環水は
排ガスエコノマイザをバイパスさせて主機運転を再開した。

　排ガスエコノマイザチューブのフィン上に堆積した煤にスートブロー
装置の散布用鋼球が大量に付着していたことから，スートブロー不十分
によりチューブへの煤の堆積が進行し，Soot Fire に至ったと推測され
た。また，スートブロー装置の散布用鋼球量や，排ガスエコノマイザ出
入口のドラフトロスは毎日，計測され，異常の兆候があったにもかかわ
らず，チューブの汚損進行を見逃して大きな機関事故につながった。

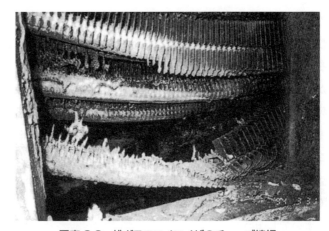

図表 2.3　排ガスエコノマイザのチューブ焼損
（出典：Summary of Marine Engine Trouble Cases，日本船舶機関士協会）

　1980 年代，機関プラントの省エネ化が進められ，排ガスエコノマイザは排気ガスのエネルギーを徹底的に回収する構造であったため煤が堆積しやすく，Soot Fire による焼損事故が頻繁に発生しました。排ガスエコノマイザの Soot Fire による事故予防のポイントは以下のとおりです。

- 毎日の排ガスエコノマイザの運転データの計測によるチューブ汚れ具合の評価
- 缶水循環ポンプの連続運転（停泊中も主機停止後，12 時間以上）
- 適切なインターバルでのスートブローや水洗の実施
- 水洗による煤の除去と水洗後のチューブ乾燥の徹底

2.1.2　機関警報への対応

　当直機関士，M ゼロ当番機関士は，機関警報が発生した場合，通常，機関制御室に直行し，エンジンモニター画面上で警報の内容を確認します。そして，自船の置かれている状況をも勘案して，警報の重大性や迅速な対応の必要性を

判断する必要があります。たとえば，主機の遠隔操縦が不能になるような故障
が発生しても，自船が狭水道を航行している場合と通常の大洋航海中では，要
求される対応の迅速性は異なります。

　警報が発生した後，他の関連するデータや情報を収集し，さらに現場で直
接，不具合の内容を確認することが警報への対応の第一歩です。センサーに故
障が発生し，実データを正常に計測できないことによる誤警報の場合は，往々
にしてこの段階で発見できることが多いものです。また，警報への対応が一人
で可能なのか，応援を頼む必要があるのかといった判断も重要です。とくに夜
間の機関警報対応は安全や作業効率を考えるとできるだけ一人での処置は避け
たほうがよいでしょう。

　いずれにしても，警報への判断や対応を行った後に，機関長，機関部チーム
員，船橋当直者などの関係者へ確実に報告，連絡を行い，船内で情報を共有す
ることが大切です。

2.1.3　機関室の巡視

　人間の持っている五感は優れたセンサーですので，常に周囲に五感を働かせ

図表 2.4　機関室の見回り
（出典：NYK SHIPMANAGEMENT PTE LTD）
機関室内の見回りによる機関プラントの状態監視は船舶機関士の基本業務

ることで異常の兆候を察知できるものです。機関プラントの管理においても，
五感をフルに活用することの必要性を認識すべきです。

　機関プラントの状態は，モニター上で運転データだけを監視すれば判断でき
るわけではありません。機器の異常な振動や音，異臭，油や水，空気，蒸気の
漏洩など，機関室の現場に行かなければ発見できない不具合も多くあります。
機関室内の定期的な巡視は機関プラントの管理を行う上で極めて重要であり，
機関長は自身が巡視を行うだけではなく，機関部チーム員にも定期的な巡視の
重要性を認識させて，実施させなければいけません。2 時間毎や 4 時間毎の機
関室巡視を業務マニュアルで規定している船舶も多いようです。

　経験豊富な船舶機関士は，毎日の機関室巡視によって日々，機関プラントの
不具合やその兆候を発見し，それに対して必ず改善処置を行って重大事故を予
防しています。たとえば，機関室内の注意深い巡視によって高圧燃料油管から
燃料油が少量，継続的に漏洩している不具合を発見することはままあります
が，放置せずに漏洩が小量なうちに修理を行うことは，機関室火災を予防する
ために大切です。

＜機関トラブルをどのようにして発見したか＞

　日本船舶機関士協会が収集した機関トラブル情報（2006 年 4 月〜
2016 年 3 月，約 3300 件）の分析によると，トラブルの発見手段は以下
のとおりであった。

機関トラブルの発見手段	
警報	30.9 %
モニタリング装置	7.7 %
人間の五感	48.8 %
計測	3.7 %
機器の整備点検	3.3 %
その他	2.4 %
不明	3.1 %

　　機関トラブルの半分は機関室の見回りなどで乗組員が五感を使って発見していること，警報やモニタリング装置などセンサーによって感知するトラブルは約4割であることがわかる。この分析結果は機関トラブル発見における機関室巡視の重要性を示していると言える。

2.2　燃料油管理

2.2.1　舶用燃料油の規格

　　大型外航船で使用される燃料油 HFO（Heavy Fuel Oil）は，石油精製プラン

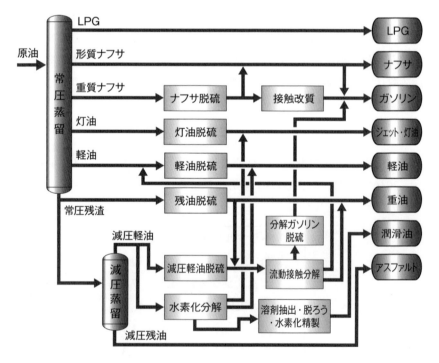

図表 2.5　石油精製プロセス例
（出典：舶用燃料油の管理，日本船舶機関士協会制作 CD 版）

トの常圧蒸留装置や減圧蒸留装置の残渣油に軽油留分を混合して粘度や硫黄分含有量などを調整し，HFO 規格に合わせて製造されるカットバック重油です。近年はガソリンや軽油などの軽質留分を多く製造するために，流動接触分解装置（FCC：Fluid Catalytic Cracking）が用いられ，そこで発生する分解残油（CLO：Clarified Oil や LCO：Light Cycle Oil）が粘度調整のために使われます。CLO や LCO は低硫黄，低粘度ですが，芳香族成分の含有率が高く，大量に調合された燃料油は着火性に劣るものとなることが問題視されています。

　舶用燃料油は国内では JIS 規格（JIS K2205）の 1 種（A 重油），3 種（C 重油）の呼称が用いられますが，国際規格は ISO 規格（ISO 8217）です（図表 2.6，2.7 参照）。ISO 8217 は舶用機関で問題なく使用できる性状を保証するものではなく，どちらかと言えば，燃料油を製造する側の意向を反映した規格になっています。近年は徐々に改正され，ユーザー側から見て改善しつつありますが，難燃性の燃料を規制できていないなど，まだまだ満足できる規格内容で

Limit	Parameter	DMX	DMA	DFA	DMZ	DFZ	DMB	DFB
Max.	Viscosity at 40°C (mm²/s)	5.500	6.000		6.000		11.00	
Min.	Viscosity at 40°C (mm²/s)	1.400	2.000		3.000		2.000	
Max.	Micro Carbon Residue at 10% Residue (% m/m)	0.30	0.30		0.30		-	
Max.	Density at 15°C (kg/m3)	-	890.0		890.0		900.0	
Max.	Micro Carbon Residue (% m/m)	-	-		-		0.30	
Max.	Sulphur (% m/m)	1.00	1.00		1.00		1.50	
Max.	Water (% V/V)	-	-		-		0.30	
Max.	Total sediment by hot filtration (% m/m)	-	-		-		0.10	
Max.	Ash (% m/m)	0.010	0.010		0.010		0.010	
Min.	Flash point (°C)	43.0	60.0		60.0		60.0	
Max.	Pour point in Winter (°C)	-	-6		-6		0	
Max.	Pour point in Summer (°C)	-	0		0		6	
Max.	Cloud point in Winter (°C)	-16	Report		Report		-	
Max.	Cloud point in Summer (°C)	-16	-		-		-	
Max.	Cold filter plugging point in Winter (°C)	-	Report		Report		-	
Max.	Cold filter plugging point in Summer (°C)	-	-		-		-	
Min.	Calculated Cetane Index	45	40		40		35	
Max.	Acid Number (mgKOH/g)	0.5	0.5		0.5		0.5	
Max.	Oxidation stability (g/m³)	25	25		25		25	
Max.	Fatty acid methyl ester (FAME)	-	-	7.0	-	7.0	-	7.0
Max.	Lubricity, corrected wear scar diameter (wsd 1.4 at 60°C) (um)	520	520		520		520	
Max.	Hydrogen sulphide (mg/kg)	2.00	2.00		2.00		2.00	
	Appearance	Clear & Bright						-

図表 2.6　ISO 8217　2017 Fuel Standard for Marine Distillate Fuels
（出典：www.dan-bunkering.com）

Limit	Parameter	RMA 10	RMB 30	RMD 80	RME 180	RMG 180	RMG 380	RMG 500	RMG 700	RMK 380	RMK 500	RMK 700
Max.	Viscosity at 50°C (mm²/s)	10.00	30.00	80.00	180.0	180.0	380.0	500.0	700.0	380.0	500.0	700.0
Max.	Density at 15°C (kg/m³)	920.0	960.0	975.0	991.0	991.0				1010.0		
Max.	Micro Carbon Residue (% m/m)	2.50	10.00	14.00	15.00	18.00				20.00		
Max.	Aluminium + Silicon (mg/kg)	25	40		50	60						
Max.	Sodium (mg/kg)	50	100		50	100						
Max.	Ash (% m/m)	0.040	0.070			0.100				0.150		
Max.	Vanadium (mg/kg)	50	150			350				450		
Max.	CCAI	850	860			870						
Max.	Water (% V/V)	0.30	0.50									
Max.	Pour point (upper) in Summer (°C)	6			30							
Max.	Pour point (upper) in Winter (°C)	0			30							
Min.	Flash point (°C)	60.0										
Max.	Sulphur (% m/m)	To comply with statutory requirements as defined by purchaser										
Max.	Total Sediment, aged (% m/m)	0.10										
Max.	Acid Number (mgKOH/g)	2.5										
	Used lubricating oils (ULO): Calcium and Zinc; or Calcium and Phosphorus (mg/kg)	The fuel shall be free from ULO, and shall be considered to contain ULO when either one of the following conditions is met: Calcium > 30 and zinc > 15; or Calcium > 30 and phosphorus > 15.										
Max.	Hydrogen sulphide (mg/kg)	2.00										

図表 2.6　ISO 8217　2017 Fuel Standard for Marine Residual Fuels
（出典：www.dan-bunkering.com）

はなく，補油した HFO を実際に使用するにあたっては，機関トラブルを防止するためにさまざまな注意が必要になります。

　外航大型商船では，通常，ISO 8217 の RMG 380，RMG 500 を主機燃料油として使用し，補機用や非常用に ISO 8217 の DMB を保有しています。

2.2.2　燃料油（HFO）の性状管理

　外航大型船のディーゼル機関のメーカーは各社がそれぞれ，機関の入口における燃料油（HFO）の推奨性状（粘度，含有物など）を示しています。よって，船舶機関士は機関入口の燃料油の性状がその推奨値を満足するように，前処理工程で適切な性状管理を行う必要があります。

項目　　　単位	エンジン入口スペック		
	SULZER WARTSILA DU	B&W MES	UEC MHI
密度　　　kg/m³	Max. 990	< 991	< 991
動粘度　　mm²/s (cSt)	13–17	10–15 Max. 20	13–18
引火点　　℃	Min. 61	> 60	> 60
流動点　　℃	−	< 30	−
水分　　　%v/v	Max. 0.2	< 0.2	< 0.2
硫黄　　　%m/m	Max. 3.5	< 3.5	< 3.5
残留炭素分　%m/m	Max. 15	< 14	< 12
セジメント　%m/m	Max. 0.03	< 0.05	< 0.05
灰分　　　%m/m	Max. 0.03	< 0.05	< 0.10
アスファルテン　%m/m	Max. 8	< 8	< 8
CCAI　　　−	−	< 850	< 850
バナジウム　mg/kg	Max. 150	< 150	< 300
ナトリウム　mg/kg	Max. 30	< 30	< 30
Al＋Si　　mg/kg	Max. 15	< 7	< 10

図表 2.8　機関メーカーの機関入口燃料油性状推奨値
推奨値は変更されている可能性があり，都度，確認が必要

（1）燃料油の性状分析

　補油をした燃料油の性状は，船内でも簡易分析キットを使用して比重，粘度，水分含有量，塩分反応，安定性などを計測できます。しかし，精度や分析項目に限界がありますので，管理に必要な十分な性状データを得るためには，補油中に補油配管からサンプル油を採取し，補油終了後，直ちに陸上の分析機関に送付します。通常，分析機関ではサンプル油の分析値から使用上の技術アドバイスも行っています。粗悪油によるトラブルを予防するために，補油した燃料油は，できるだけ性状分析結果を確認後に使用開始すべきです。

（2）燃料油低質化による機関への障害

　実船では従来から低質燃料油によって以下のような障害がたびたび発生しており，燃料油性状を把握することの重要性を認識する必要があります。

- FCC 触媒（Fluid Catalytic Cracking）による機関摺動部の異常摩耗

　　石油精製過程で使用された触媒のアルミナ，シリカの硬い粒子が燃料油中に多く残留した場合，シリンダライナやピストンリングにアブレッシブ摩耗を発生させる。そして，燃焼ガスのブローバイ発生，ピストンリングやシリンダライナの損傷につながる。

- アスファルテンによる燃焼障害，スラッジの大量発生

　　アスファルテンの含有量が高い燃料油は難燃性であり，着火遅れ，燃焼遅延といった燃焼障害によって，油膜切れや未燃カーボンの増加で燃焼室に異常摩耗や汚損などの障害を発生させる。また，排ガス系統の汚損や過給機のサージングにもつながる。燃料油中のアスファルテンはスラッジの生成にも大きく関係する（後述）。

- バナジウムによる高温腐食

　　燃料油中にバナジウムが多い場合，とくにナトリウムが共存すると排気弁棒や弁座シートの金属を腐食させる。

- 硫黄分による低温腐食，粒子状物質（PM）の生成

　　燃料中に硫黄分が多い場合，燃焼して生成された亜硫酸ガスが露点以下で硫酸になり，機関燃焼室周りの部品を腐食させる。また，硫黄分の含有量は粒子状物質の生成にも関係する。

- 水分の混入

　　燃料油中に水分が多い場合は，噴霧不良による燃焼不良や，加熱器でのベーパロックを引き起こす。また，水分が海水の場合は，排ガス系統にスケールの異常堆積を起こし，過給機のサージングなどの原因となる。

```
Test Parameter              Unit      Result      RMG380
---------------             ----      ------      ------
Density @ 15° C             kg/m³      966.2       991.0
Viscosity @ 50° C           mm²/s      357.4       380.0
Water                       % V/V     LT 0.1        0.5
Micro Carbon Residue        % m/m      12          18
Sulfur                      % m/m      1.42        3.50
Total Sediment Potential    % m/m      0.01        0.10
Ash                         % m/m      0.02        0.15
Vanadium                    mg/kg      22         300
Sodium                      mg/kg      13
Aluminium                   mg/kg       4
Silicon                     mg/kg       7
Iron                        mg/kg      26
Nickel                      mg/kg      17
Calcium                     mg/kg       7
Magnesium                   mg/kg       1
Zinc                        mg/kg     LT 1
Phosphorus                  mg/kg     LT 1
Potassium                   mg/kg     LT 1
Pour Point                   ° C      LT 24        30
Flash Point                  ° C      GT 70        60


Calculated Values
-----------------

Aluminium + Silicon         mg/kg      11          80
Net Specific Energy         MJ/kg      41.08
CCAI (Ignition Quality)       -       828
Quantity (Weight)        MT          945.027
Quantity Difference      MT           -0.706


Note:
LT means Less Than, GT means Greater Than.
Quantity (Weight) is based on BDN Volume, VPS Density and a weight factor of 1.1 kg/m
Table 56).



Specification Comparison :

Results compared with amended ISO 8217:2005 specification RMG380, table 2. Based
on this sample the specification is met.
```

図表 2.9　燃料油分析結果（Fuel Quality Report）のサンプル
この分析結果では，分析されたサンプル油は ISO 8217 の RMG 380 を
満足していると報告されている。

- 異物の混入

  燃料油に廃油や化学製品（ポリプロピレンなど）が混入している場合があり，燃焼障害やストレーナ閉塞などのトラブルを発生させる。

(3) 低硫黄残渣油の問題

近年は排ガスによる SO_X 規制対応で，燃料として低硫黄残渣油を使用する船舶も増えてきましたが，それに伴って以下のような問題点が指摘されています。今後，規制の強化によって低硫黄残渣油の需要が増えると，油の製造方法によって新たな問題が生じる可能性があり，使用する前にあらかじめ詳細な性状分析を行うなどの慎重な対応が必要になります。

- 通常燃料油用の高アルカリ価シリンダ油使用による酸化カルシウムの堆積物生成
- 低硫黄による燃料油の潤滑性の低下
- 低硫黄燃料油の製造工程において，減圧調整残渣油の粘度調整用カッター材としてクラリファイ油（CLO）やライトサイクル油（LCO）が大量に混合される場合，高芳香族による燃焼性の低下や FCC 触媒の混入
- 高沸点パラフィン系やガスオイルベースの低硫黄残渣油では，混合安定性や貯蔵安定性の低下

(4) 燃料油前処理設備

燃料油に含まれる夾雑物や水分などを取り除き，機関メーカーが推奨する機関入口性状に適合する燃料油性状にするために，機関室内には清浄，ろ過，加熱などを行う前処理設備が設置されています。

- セットリングタンク／サービスタンク：静置清浄
- 遠心分離型清浄機：遠心分離清浄
- フィルタ：夾雑物の捕捉，Fine Filter は目開き 10〜15 μm
- 加熱器：ディーゼル機関入口の適性粘度（10〜15 cSt/50 ℃）を確保

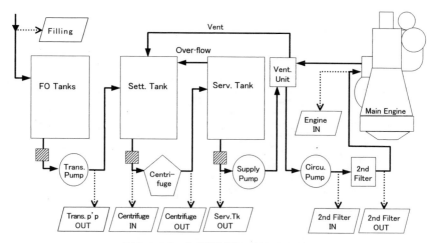

図表2.10　主機燃料油の前処理系統図

　これらの前処理設備で処理が可能な燃料油の性状は，粘度／灰分／ナトリウ
ム／アルミナ・シリカ／ドライスラッジ／水分です。燃料油の前処理設備を適
切に運用することは，燃料油管理，機関トラブル予防の観点から重要です。

　とくに，遠心分離型清浄機，自動逆洗フィルタは重要な前処理機器ですの
で，運用上のポイントを以下に列挙します。

- 遠心分離型清浄機の機能を維持するために，清浄機入口の燃料油の温度
  管理が重要である。（適性粘度：遠心分離機入口　約 24 cSt/50 ℃）

- 遠心分離型清浄機をピューリファイヤ運転（清浄油と水とスラッジの三
  相分離運転）する場合は燃料油の比重に合わせて適切な調節板を選定す
  る。間違った調節板サイズの使用はとくに水分除去率に大きな影響を及
  ぼす。また，燃料油の密度が $991\,\mathrm{kg/m^3}$（15 ℃）を超える場合は，油と
  水からスラッジを分離するクラリファイヤ運転（清浄油と水／スラッジ
  の二相分離運転）を行う。

- 遠心分離型清浄機の分離効率を高めるためには，処理燃料油の通油量を
  絞るほうがよい（定格容量の 30〜40 ％ の通油量）。また，遠心分離型清

図表 2.11　遠心分離型清浄機（左）と自動逆洗フィルタ（右）
（出典：舶用燃料油の管理，日本船舶機関士協会制作 CD 版）

浄機が 2 台ある場合は，2 台の清浄機を直列に使うよりも通油量を半分にして並列運転するほうが分離効率がよい。

- 遠心分離型清浄機や自動逆洗フィルタの定期的な開放整備は，それらの機器の機能を回復することを目的として行うが，機器の不具合を発見する観点からも重要である。たとえば，機関入口のフィルタエレメントの破損は発見が遅れると燃料噴射ポンプの固着やシリンダ摺動面の異常摩耗などのトラブルにつながる。

- 遠心分離型清浄機のスラッジ排出インターバルや自動逆洗フィルタの逆洗インターバルは，燃料油の性状や開放整備時の汚れの状況を考慮して調節する。

（5）燃料油添加剤

　燃料油の性状分析の結果，ナトリウムやバナジウムが多い，スラッジが生成しやすい，燃焼性が悪いなど，さまざまな障害が発生する可能性が高い燃料を補油したことが判明した場合，機関トラブル予防対策として燃料添加剤を使用

することは有効です。燃料添加剤には以下のようなさまざまな用途のものがあり，あらかじめ船内に保有しておき，必要に応じて燃料に添加します。

- スラッジ分散剤：アスファルテン性スラッジの生成や粗粒化を抑制する。
- 燃焼促進剤：燃焼を改善する。
- 燃焼灰改質剤：燃焼生成物による高温腐食や機器への付着を抑制する。
- 発煙防止剤：低負荷運転時の発煙を防止する。
- 水分離剤：水分離性を向上する。

（6）オフスペック燃料油への対応

　燃料油の性状分析の結果，通常の船内前処理では処理ができないと判明した燃料油も，実船では特別な対応を行って使用することがよくあります。

- アルミナ＋シリカが多いとき

  清浄機の通油量を絞り，2 台並列運転にする。
- バナジウムが多いとき

  シリンダ冷却水温度，掃気温度を下げる。

  燃焼灰改質剤を燃料に添加する。
- 硫黄分が多いとき

  ジャケット冷却水温度を上げる。
- アスファルテンが多いとき

  シリンダ冷却水温度，掃気温度を上げる。

  シリンダ注油率を上げる。

  燃料噴射タイミングを早める。

  燃焼促進剤を燃料に添加する。

　燃料油の着火性の指標には，通常，CCAI が使われますが，この数値は実際に計測されたものではないので，必ずしも着火性の正確な指標ではありません。よって，CCAI に加えて推定セタン価も使用され，推定セタン価 20 以下

の燃料には着火遅れによるトラブルが多いようです。着火遅れが懸念される燃料油への対応は，上記，アスファルテンが多い難燃性の燃料油への対応と同じです。

　もし，性状分析結果から船内前処理で対応できないオフスペック油であると判断された場合は，通常，運航会社と燃料油サプライヤーとの合意の下で，船内の燃料油をバージに移送し陸揚げ（Debunker）されます。船内の燃料油のバージへの移送に自船の燃料移送ポンプを使う場合は，送油に多くの時間が必要なため，Debunker は運航スケジュールを勘案した上で十分な準備が必要です。

(7) スラッジ析出の防止

　舶用燃料油には，2 種類以上の油を混合したときにスラッジが発生しやすくなるもの（混合安定性が低い），長時間加熱して貯蔵したときにスラッジが発生しやすくなるもの（熱安定性，貯蔵安定性が低い）があります。スラッジが大量に析出すると，フィルタや配管，清浄機の閉塞，ポンプや燃料弁の固着などのトラブルにつながるばかりでなく，発生したスラッジの処理にも手を焼くことになります。

　スラッジ析出予防のポイントは，以下のような点です。

- アスファルテンの含有量が多い燃料油はスラッジが発生しやすく，とくに注意が必要である。
- 補油時に極力，異種の燃料油を同一タンク内で混合しない。
- 水分の多い燃料油は前処理で水分の除去に努める。
- 燃料タンクの局部的な加熱を避けるとともに，貯蔵温度を上げ過ぎない。
- 補油した燃料油を長期間，タンク内に放置しない。
- スラッジ分散効果のある燃料添加剤を使用する。

　　＜粗悪燃料油使用による機関トラブル事例＞
　　　タンカー B 号は○○港において燃料油（Residual Marine Fuel

RMG 380）を 3600 MT 補油したが，その燃料油を使用後しばらくして，ディーゼル主機 No.2 過給機のサージングが頻発し，減速運転を強いられた。その後，No.1 過給機でもサージングが発生したので，主機を停止し，過給機を開放したところ，タービンノズル，タービンブレードに硬質の燃焼灰がへばりつき，汚損がひどい状況であった。燃焼灰を除去するとともに，補油した燃料に燃焼灰改質剤を添加し，良質油と混合して使用しきった。

　補油した燃料油の分析結果は，カリウムが 109 mg/kg と異常に高い値であった。燃料油の製造過程において，H_2S を除去するために使用された KOH が燃料油に混入し，硬質の燃焼灰を生成したと推定された。

	トラブル油	良質油	T/C 付着物	
Density	982.2	978.8	Ca	27.9%
Viscosity	256.4	356.0	V	23.2%
Water	0.4	0.1	K	18.0%
MCR	13	14	S	14.5%
TSP	0.01	LT 0.01	Ni	10.7%
Ash	**0.06**	0.03	Fe	4.1%
Vanadium	51	78		
Sodium	41	18		
Potassium	**109**	3		

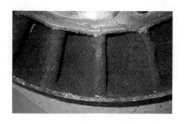

図表 2.12　トラブルを発生させた燃料油性状と硬質の燃焼灰が付着した過給機タービンノズル

　舶用燃料油の国際規格（ISO 8217）に基準値のない混入物によって機関トラブルに至る事例は珍しいことではありません。補油した燃料油は陸上分析結果を確認してから使用できれば，このようなトラブルの多くは防げます。

＜燃料油前処理の管理不良による機関トラブル事例＞

　自動車運搬船 C 号において，航海中に主機 No.1 シリンダ付近から異音が発生したので，主機を停止し調査したところ，No.1, 3, 7 シリンダのピストンリングが折損，No.6 シリンダのピストンリングは張りが無くなっていた。本船は従来からシリンダライナの摩耗量が多く，最近，

計4シリンダのシリンダライナを取り替えたばかりであった。

事故原因を詳しく調査したところ，折損したピストンリングの表面に FCC 触媒粒子が多く存在し，燃料油のファインフィルタが一部破孔していることが判明した。また，燃料油清浄機の運転も長期間，適切ではなかったことから，事故の直接原因は燃料油中の FCC 触媒粒子や夾雑物によるシリンダライナ／ピストンリング表面のアブレッシブ摩耗であると推測された。

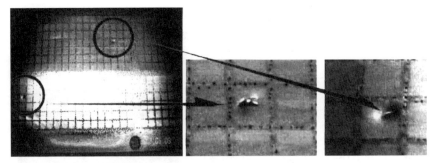

図表 2.13　破孔した燃料油のファインフィルタ

このトラブルは，燃料油ファインフィルタの整備点検が不十分であった人為的な原因によって発生しましたが，コスト的な損失も大きい機関事故です。船舶機関士が燃料油の船内前処理の重要性を認識し，フィルタや清浄機の適切な運用，整備を実施していれば，このような大きなトラブルは防げたはずです。

2.2.3　Marine Diesel Oil（MDO），Marine Gas Oil（MGO）

（1）MDO 貯蔵の注意点

外航大型商船では通常，船内には補機用の燃料として，また主機，ボイラの非常時使用油として，MDO を保有しています。タンクで貯蔵される MDO は使用頻度が少なく，かびやバクテリアが発生しやすくなります。MDO タンク

中に発生したかびによって燃料ストレーナが閉塞し，運転中の発電機原動機に燃料が流れずに異常停止して船内電源を喪失するトラブルは珍しくありません。また，非常用発電機原動機や救命艇エンジンにおいても，燃料油系統にかびが発生して起動できなくなるトラブルもよくあります。

　貯蔵中の MDO にかびやバクテリアが発生することを抑制するためには，MDO タンクのドレン切りを励行するとともに，防かび効果のある燃料添加剤の使用が有効です。

(2) MGO 使用の注意点

　近年，排ガス規制の強化によって設定された SO_X 排出規制海域を航行する場合に，HFO（Heavy Fuel Oil）に代えて硫黄分の少ない MGO（LSMGO）を使用する船舶が増えています。しかし，LSMGO 使用によるさまざまなトラブルが発生しており，以下のような点に注意が必要です。

- 本来，燃料油中の硫黄には潤滑性があるので，硫黄分の少ない LSMGO を使用した場合，潤滑不足による燃料ポンプの固着や軸受の焼損といったトラブルのリスクが高まる。そのようなトラブル対策には，潤滑性向上剤を LSMGO に添加して対応する。
- MGO は粘度が低いために，HFO から MGO に使用燃料油を換えると，機関やポンプの摺動部からの油のリーク量が大幅に増加する。また，補助ボイラで使用するときは，燃料噴射圧力や空燃比の調整が必要になり，機種によっては燃焼装置の改造も必要になる。
- MGO は洗浄性が高いので，HFO から MGO に使用燃料油を換えると，燃料油管内部に堆積したスラッジが洗い流され，燃料油ストレーナの閉塞，燃料油清浄機のスラッジ異常流出を発生させる恐れがある。
- LSMGO には精製プロセス時に使用される FCC 触媒が混入している可能性があり，また難燃性の燃料油である場合もあるため，前処理機器や燃焼室の点検頻度を高める必要がある。

- HFO から MGO に切り替えるときは，燃料油の加熱温度に注意し，機関入口の燃料温度が低くなり過ぎないように調整する。また，急激な温度変化によって MGO がベーパー化する可能性があるので，切り替え時の温度調節に注意する。
- HFO 用の高アルカリ価のシリンダ油を使用している場合は，MGO 使用による過剰塩基の障害を避けるために，機関メーカーの指針に従ってシリンダ注油率の調整や低硫黄用のシリンダ油を使用する。

2.2.4　補油計画

（1）補油量算出

　燃料油の適正な補油量を算出することは，自船の堪航性や経済性にかかわる機関長の重要な業務です。補油量の算出に当たっては，以下のような情報や燃料消費にかかわるさまざまなデータを把握する必要があります。また，補油後のタンクコンディションは本船のスタビリティに影響しますので，船長と十分に打ち合わせることが大切です。

- オペレータからの Sailing Instruction（補油場所，補油量に関する指示。燃料油の価格が安い場所でできるだけ多く補油するような指示もある）
- 船長の策定する航海計画（補油予定港までの航海日数，停泊日数，航行船速，航走距離など）
- 季節，予想される海象状態
- 過去の燃料消費の実績から主機，発電機原動機，ボイラそれぞれで予想される燃料消費量
- 補油前の各燃料タンクの残油量予想
- 複数の燃料タンクを有する場合は，スラッジの生成を抑えるために極力，新旧の燃料を混合しない
- 各燃料タンクの補油量はタンク容量の 90％ を超えない
- 燃料タンク内の Dead Oil（ポンプで引けなくて残っている油）の量

　　● バンカーマージン

(2) バンカーマージン

　バンカーマージンとは，補油量を算出するに当たって，予想される燃料消費量に Short Bunker（航海中に燃料が不足すること）を回避するためにどの程度のマージンを見込むのかということです。

　機関長の心情としては多めのマージンを取りたいところですが，燃料油を余剰に保有することは，貨物積載量の減少，航海中の燃料消費量の増加などを招きますので，必要最小限のマージンにする必要があります。通常は 15 % 程度を基準にして，航行海域の海象状態や航海途中での補油可能港の有無などを考えてプラスマイナスします。たとえば，日本–豪州間の航行であれば，海象状態もそれほど悪くならないのでバンカーマージンは 10 % でもよい，冬場の北太平洋を航行する場合は 30 % 必要といった具合ですが，自船の実績も考慮したいものです。

　　　＜燃料油適正補油量の算出の例＞
　　　● 主機用の燃料補油量 ･･･ ①

　　　　100 miles 当たりの燃料消費量を予想船速における最近の実績から推測する。

　　　　海象状態や緊急時の補油地の有無などを考慮してバンカーマージンを決定するが，ここではバンカーマージンは 15 % とする。

　　　　① = 航走距離 (miles) ÷ 100
　　　　　　　× 100 miles 当たりの燃料消費 (MT/100 miles) × 1.15

　　　● ディーゼル発電機原動機用の補油量 ･･･ ②

　　　　航海中，停泊中の 1 日当たりの燃料消費量を最近の実績から推測する。

　　　　コンテナ船の冷凍コンテナ積載数のような，必要電力量や発電機

運転台数に大きく影響する要因を考慮する。

②＝航海日数 (days) × 航海 1 日当たりの燃料消費 (MT/day) × 1.15
＋ 停泊日数 (days) × 停泊 1 日当たりの燃料消費 (MT/day)

- 補助ボイラ用の補油量 … ③

  タンクヒーティングの有無などボイラの燃料消費量に大きく影響する要因を考慮する。

③＝停泊日数 (days) × 停泊 1 日当たりの燃料消費量 (MT/day)

- 燃料油タンクのデッドオイル … ④
- 補油前の手持ち残油量予想 … ⑤

燃料油適正補油量 ＝ ① ＋ ② ＋ ③ ＋ ④ － ⑤

2.2.5 補油作業

船舶機関士にとって補油作業における重要なポイントは，①油の漏洩による海洋汚染を起こさないこと，②本船側で確認した補油数量と補油業者が作成する Bunker Delivery Note 記載の数量に差がないか確認することです。

補油後，受け取った燃料油の性状に問題が判明することは珍しくありませんが，そのような場合，リテンドサンプルが公的な資料油になります。リテンドサンプルは補油中に送油ラインから採取する少量のサンプル油ですが，採取に当たっては船舶機関士も立ち合い，決められた手順で行われます。リテンドサンプルは供給業者と機関長のサインをしたシールで封印し，それぞれが 1 本ずつ保有しますが，少なくとも補油した燃料油の使用が終了するまで船内に保管する必要があります。

（1）漏油事故予防の注意点

船舶機関士にとって，漏油事故は最も避けなければいけない重大災害のひとつです。以下に，漏油事故予防のポイントを列挙します。

- 事前に補油作業計画，補油配置表を作成し，作業員の配置，連絡方法，作業手順などを作業員全員で打ち合わせる。
- 油取り入れ口，油タンク空気抜き管などのコーミングプラグや甲板のスカッパーを閉鎖する。
- 補油ラインおよび各燃料タンク（補油予定タンクだけでなく，予定しないタンクも含め）のバルブの開閉状況を確実に確認する。
- バンカーバージ側と自船受け入れ能力，送油量，通信手段，合図などに

Position		Station and Division of Duties
Chief of overall & work site operations	Chief engineer	Person In Charge of Overall Operations. Preparation of Bunker plan, remote valve control console operations, calculations, recording, tank soundings interval, documents signing.
	First Engineer	In charge of bunker work station, verification of bunker line, valves setting, overflow arrangement and soundings.
	Third engineer	Bunker station, gangway, and oil barge; communications between ship and oil barge, attendance at barge tank soundings, on board tank(s) and line setting prior bunkering; during changeover and final closing, monitoring of situation.
	No.1 oiler (fitter, machinist), oiler	Tank side, and bunker station; sounding of ship's tanks, various bunker station work, work site valve operations, other preparation work, and making oil barge fast alongside.
	Other engine room members	Various preparation works.
	Deck officer on watch	Hoisting of B flag and lighting of red light, monitoring of and dealing with weather and sea conditions, and of mooring state of ship. Also directing of deck department work.
	Deck crew members	Making oil barge fast alongside, handling accommodation ladder, Pilot ladder, hose davits, and other work directed by officer on watch.

図表 2.14　補油配置表（List of Bunker Work Assignment and Station）のサンプル

図表 2.15　補油作業中の船舶（左）とバンカーマニホルド（右）

ついて事前に打ち合わせる。

- 送油は Slow Speed で開始し，漏洩の有無，予定タンクへの流入確認後，徐々に予定送油量に増速する。
- 補油を予定しないタンクに油が流入していないか，補油取り入れ口の反対舷のバンカーマニホルドからの漏油がないか注意する。
- 補油中は各タンクの流入量を遠隔油面計とサウンディングパイプからの測深の両方で定期的に確認し，補油作業の進捗状況を常にチェックする。また，流入量の計算においては燃料油温度や，自船のトリム，ヒールによる修正を行う（容積換算係数表，タンクテーブルを使用）。
- 自船側のタンク切り換えによって，バンカーバージからの送油ラインに過度の負荷を与えないようにする。
- 当直航海士とも連絡手段を確保し，天候の急変や船体のトリムやヒールの変化などに備える。
- 通常，補油終了時には補油ラインのエア押しを行うが，自船の受け入れタンクの余積を確認するとともに，バンカーバージ側と開始／終了の連絡方法を事前に打ち合わせる。

(2) 補油量不足への対応

自船の燃料タンクで受け取りを確認した補油量が，補油手配量や Bunker

TO:

Date : (　　　　　　)
MV. (　　　　　　)
PORT : (　　　　　　)

LETTER OF PROTEST

BUNKER SHORT SUPPLY

Dear Sirs,

This is informed you that on completion of bunkering <u>FUEL OIL (380 cSt)</u> at the port of "(　　　　　)" from (Barge Name) on DD/MM/YYYY, bunker short supply were found against ship's requested quantity of bunker oil.

Ships requested figure : (　　　) MT

Barge figure :　　　(　　　) MT

Difference :　　　(　　　) MT

Therefore, in behalf of the Owners and Charterers, I, Chief Engineer of MV "(　　　)", wish to lodge this protest on the difference of the above figures, and reserve the right to take all such further action as may be considered necessary to protect the interests of both parties.

Please kindly acknowledge by signing this letter.

Yours Faithfully,

---------------------------------------　　　---
Master of "(Barge Name)"　　　Chief Engineer of MV(　　　　)

図表 2.16　補油量不足の際の Protest Letter のサンプル

Delivery Note 記載数量より少ないというトラブルは，しばしば発生します。送油開始前にバージタンクの測深，送油終了後にそのタンクのドライアップの確認を確実に行うことは補油作業の基本ですが，測深誤差，タンクテーブルの誤差，トリム／ヒール調整，温度補正など，補油量計算に影響を及ぼすさまざまな要因があり，ある程度の誤差が生じることはしかたありません。しかし，自船の積み込み確認量とバージ側の主張する送油量に大きな差（たとえば HFO の場合，2％以上）が発生し，バージ側と折り合えない場合は，クレームなどの対応が必要になります。

　補油量不足の対応は，事前に船主や用船者から指示されている場合もありますが，通常，本船は代理店を通じて関係者に補油量不足を連絡するとともに，Protest Letter 作成，Bunker Receipt への不同意の記入などの対応を行います。そして，最終的な問題の解決は，陸上サイドに委ねることになります。

　一方，燃料油への空気の混入（カプチーノバンカー）や海水の混入により，送油量を意図的に水増しする悪質な業者もおり，注意が必要です。このような理由で補油量不足が発生した場合も，関係者への報告，Protest Letter の作成などの対応は同様です。

＜補油作業時の油漏洩事故の事例＞

　自動車運搬船 D 号は○○港において，Marine Diesel Oil（MDO）70 m³ を No.1 MDO Tank (P)，(S) の両タンク同時に補油を開始した。両タンクの補油終了時の MDO 量は，どちらもサウンディングで 3.2 m を予定していた。補油中は機関長が作業管理者で遠隔でのバルブ操作を行い，2 等機関士がバンカーバージとの連絡およびマニホルドの監視，3 等機関士がタンクの測深という配置であった。

　補油を開始し，両タンクへの油の流入を確認した後は，7 分間隔でタンクの測深をしていた。途中，3 等機関士から (S) Tank のタンクレベルの上昇が遅いと機関長に報告があったが，そのまま作業は続行された。補油開始約 25 分後，両タンクのサウンディングは (P) Tank 2.2 m，(S)

Tank 0.8 m となり，機関長は両タンクに油が均一に流入していないと判断し，(P) Tank の流入弁を 50％ に絞った。その後，急に (S) Tank のレベルが 2.6 m に上昇したので，バンカーバージに送油レートを下げるように要請したが，当直航海士から燃料油が右舷側エアベントから舷側にオーバーフローしていると連絡があり，直ちに送油を停止した。

本船の船体構造上，MDO タンクの上に垂直にサウンディングパイプが設置されておらず，傾斜配管部がかなりあったため，その部分にスラッジや錆が堆積し，正確な測深ができない状態にあったことが事故原因であった。また，タンクレベルの上昇が遅いという報告の時点で確認の対応が取られなかった人為的なミスもあった。

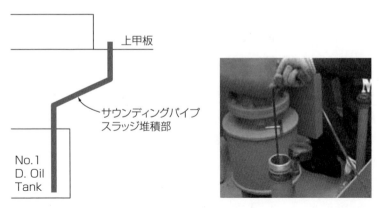

図表 2.17　漏油事故原因の説明図と甲板上のサウンディングパイプでの測深
（写真の出典：舶用燃料油の管理，日本船舶機関士協会制作 CD 版）

補油作業中は，サウンディングパイプからの測深，遠隔監視レベルゲージでの確認など，さまざまな方法でタンクに流入している油量を確認することが大切です。また，おかしいと感じたときは，安全第一に考え，まず送油を停止する判断をすることが基本です。補油作業におけるミスは海洋汚染という重大災害につながることを作業員全員が認識し，作業管理者の判断が間違っている

と感じたときは自分の考えを強く伝えるべきでしょう。

2.3 潤滑油管理

2.3.1 潤滑油の役割と種類

　潤滑油には以下のような役割があり，舶用機械にはそれぞれの用途に応じた油種の潤滑油が使用されます。

- 減摩作用（摩擦抵抗を減らす）
- 摩擦防止作用（摩耗を防ぐ）
- 冷却作用（機関で発生した熱を運び去る）
- 洗浄作用（機関で発生した煤やスラッジを洗い流す）
- 防錆作用（水分，酸素の接触を防ぎ，錆の発生を防ぐ）
- 密封作用（隙間を塞ぎ，ガス漏れや水，ごみの侵入を防ぐ）

　各機器にはメーカーが推奨するグレードの潤滑油が使用されますが，乗船した船舶で，どの機器のどの部分にどんな潤滑油がどれだけの量，使用されているのか知るためには，適油表（Lubrication Chart）を確認します（図表 2.18 参照）。

　主な機器と使用油種は以下のとおりです。

- クロスヘッド型内燃機関　　　シリンダ油，システム油
- トランクピストン型内燃機関　システム油
- タービン機関，過給機　　　　タービン油
- 空気圧縮機　　　　　　　　　圧縮機油
- 冷凍機，冷房機　　　　　　　冷凍機油
- 油清浄機，電動機　　　　　　ギアオイル，グリース
- 操舵装置，係船機　　　　　　油圧作動油，ギアオイル，グリース

NO	OIL GRADE	APPLICATION POINT	INITIAL FILLING (Q'TY/SHIP)
1	Shell Melina S 30	MAIN ENGINE(SYSTEM OIL) INTERMEDIATE SHAFT BEARING & OIL BATH S/T FWD/AFT SEAL CHAMBER/TANKS & PIPE LINE STERN TUBE BEARING SYSTEM	120,733 LTR * 62 LTR * 40 LTR *10,580 LTR
2	Shell Alexia 50 Shell Alexia LS	MAIN ENGINE CYLINDER OIL (MORE THAN 1% SULPHUR) MAIN ENGINE CYLINDER OIL (LESS THAN 1.5% SULPHUR)	20,100 LTR
3	Shell Argina T 40	D/G ENGINE (SYSTEM OIL) D/G ENGINE (GOVERNOR)	28,030 LTR 5.2 LTR
4	Shell Rimula X 15W-40	EM'CY D/G ENGINE(SYSTEM OIL) EM'CY D/G ENGINE(GOVERNOR)	36 LTR 3 LTR
5	Shell Tellus T 68	STEERING GEAR(PUMP+CYLINDER+PIPE) STEERING GEAR(HYD. OIL STORAGE TANK)	4,200 LTR 2,800 LTR
6	Shell Tellus T 32	MAIN GENERATOR SINGLE BEARING LATHE FIRE WIRE REEL OILER MANUAL HYD. OPERATED VALVE UNIT	16.4 LTR 25.5 LTR 0.6 LTR 15.5 LTR
7	Shell Tellus T 15	MAIN ENGINE FUEL VALVE TEST DEVICE OIL CHAMBER VALVE REMOTE CONTROL SYSTEM	6 LTR 1,241 LTR

図表2.18　適油表（Lubrication Chart）のサンプル（一部）

2.3.2　潤滑油の性状管理

（1）潤滑油の性状分析の目的

　潤滑油に本来の機能を発揮させるために，常に適切な性状を維持することは機関管理の基本です。よって，船舶機関士は潤滑油の性状管理の重要性をよく認識する必要があります。

　使用している潤滑油性状を分析することによって，潤滑油の劣化度や機器の不具合を早期に確認することができます。通常，機器に使用中の潤滑油は定期的に陸上の分析機関にサンプルオイルを送付し，その分析結果によってその潤滑油の継続使用の可否を判断できますが，潤滑油が使用されている機関の不具

合を察知できることもあります。また，簡易分析テストキットを使用して船内で性状を測定し，日常的に潤滑油の管理を行うことも有効です（粘度，比重，水分，スポットテスト）。

HFO を燃料油に使用するトランクピストン型のディーゼル機関では，機関の構造上，システム油が劣化しやすく，潤滑油のきめ細かな性状管理は機関トラブルを予防するための重要なポイントです。

＜潤滑油のスポットテスト＞

ろ紙上に油滴を滴下して，その広がり具合，濃淡を観察することによって，システム油の清浄分散性能を評価することができる。油中の夾雑物が増え汚損が進み清浄分散性能が低下してくると，ろ紙上の濃淡の境界が明瞭になり広がりが小さくなる（図表 2.19 参照）。

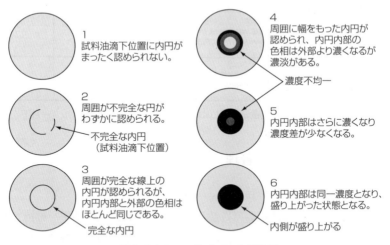

1
試料油滴下位置に内円がまったく認められない。

2
周囲が不完全な円がわずかに認められる。
不完全な内円
（試料油滴下位置）

3
周囲が完全な線上の内円が認められるが、内円内部と外部の色相はほとんど同じである。
完全な内円

4
周囲に幅をもった内円が認められ、内円内部の色相は外部より濃くなるが濃淡がある。
濃度不均一

5
内円内部はさらに濃くなり濃度差が少なくなる。

6
内円内部は同一濃度となり、盛り上がった状態となる。
内側が盛り上がる

図表 2.19　スポットテスト判定図
（出典：舶用機関 58 号（CD 版），日本郵船機関長会・郵船機関士会）

（2）システム油の性状評価

　使用中の潤滑油の性状評価は新油の性状からの変化が基準になります。使用油の油種，使用条件，清浄方法などが船舶ごとに違うために，一概に使用基準を決めることはできませんが，目安となる管理基準値があります。

　性状分析結果に異常がある場合は，陸上の管理者とも打ち合わせて，早急に対応を行う必要があります。評価や対応のポイントは以下のとおりです。

- クロスヘッド型内燃機関の場合，システム油にシリンダ油ドレンの混入が増加したときは，システム油の粘度が上昇するので，スタフィングボックスなどの整備が必要となる。
- トランクピストン型内燃機関の場合，システム油に MDO が混入したと

項目	クロスヘッド形ディーゼル主機システム油（3種油）	トランクピストン形ディーゼル主機システム油（3種油）	ディーゼル発電機システム油（3種油）	蒸気タービン機関システム油（タービン油）	その他（作動油）
動粘度[cSt @40 ℃]	± 20% 以内	± 25%以内	± 25%以内	± 10%以内	± 10%以内
引火点[℃ PM]	170以上	170以上	150以上	－	－
水分[vol %]	0.3以下	0.3以下	0.3以下	0.1以下	0.1以下
全酸価[mgKOH/g]	＋1.0以下	－	－	＋0.3以下	＋0.3以下
全塩基価[mgKOH/g @HClO4]	3.0以上	16.0以上	8.0以上	－	－
ペンタン不溶解分[wt %]	1.0以下	1.5以下	1.5以下	0.05以下	－
トルエン不溶解分[wt %]	0.5以下	1.0以下	1.0以下	－	－
濾紙捕捉物[mg/100ml]	－	－	－	－	20.0以下（0.8μm濾紙使用）

図表 2.20　潤滑油管理基準のサンプル

きは，使用油の粘度や引火点が低下するので，燃料弁の整備など，燃料油の侵入対策を行うとともに，潤滑油の一部または全量の交換が必要となる。

Lab Number	G10873068	G10896951	G10920268	G10920269	G10941371
Request No	20164522	20299106	20166286	20208065	20217619
Product	TARO 30 DP 3(	ENERGOL IC-H	ENERGOL IC-H	ENERGOL IC-H	ENERGOL IC-HF
Port	YOKOHAMA	MANZANILLO,[	MANZANILLO,	MANZANILLO,	TOKYO
Date Landed	30-Mar-10	30-Jun-10	30-Sep-10	30-Sep-10	21-Dec-10
Date Sampled	28-Mar-10	27-Jun-10	28-Sep-10	28-Sep-10	21-Dec-10
Date Received	07-Apr-10	07-Jul-10	07-Oct-10	07-Oct-10	30-Dec-10
Product Service Hrs	4100				22352
Total Equipment Hrs	4100		20325		22352
Consumption I/d	13	15	15		16.6
APPEARANCE	darkbrown	dark	darkbrown	darkbrown	darkbrown
WATER CONT., %WT	negligible	negligible	negligible	negligible	negligible
KIN. VISCOSITY @ 40C	98.68	104.2	103.9	104.8	109.8
SETA FLASH, °C	>190	>190	>190	>190	>190
SOOT LOAD, %WT	0.04	0.04	0.04	0.04	0.02
BASE NUMBER (D2896)	21.4	19.5	20.9	20.1	18.5
ELEMENTAL Analysis:					
CALCIUM PPM	10047	9773	10097	10034	9616
ZINC PPM	320	319	342	339	334
PHOSPHORUS PPM	299	305	313	312	325
BORON PPM	0	0	0	0	0
IRON PPM	15	17	14	15	14
COPPER PPM	1	1	0	0	0
LEAD PPM	0	0	0	0	0
CHROMIUM PPM	0	0	0	0	0
ALUMINUM PPM	3	3	3	3	3
TIN PPM	0	0	0	0	0
NICKEL PPM	40	43	40	43	45
VANADIUM PPM	129	151	136	147	167
SILICON PPM	6	8	12	12	17
CommentCodes	A	X10	A	A X	X10

Latest Comments:

X10 - BASE NUMBER LEVEL IS LOW. IT IS RECOMMENDED TO TOP UP WITH FRESH LUBRICANT. IF LOW BN IS SYSTEMATIC, USE OF A HIGHER BN LUBRICANT SHOULD BE CONSIDERED.

図表 2.21　ディーゼル発電機システム油の陸上分析レポートのサンプル（一部）
この分析レポートでは，アルカリ価が低下しているので，新油をトップアップすることがリコメンドされている。

- 燃料噴射ポンプからカムケースへ燃料が漏洩し，カム軸潤滑油やシステム油に混入するトラブルもよく発生する。
- システム油に水分が多量に混入した場合，使用油の水分，粘度が増加する（乳化による変色でも察知できる）。水分の混入経路を特定し，潤滑油の一部または全量の入れ替えが必要となる。
- システム油が劣化した場合，アルカリ価の低下，不溶解分や粘度の増加となって表れるので，潤滑油の一部または全量の入れ替えが必要となる。
- クロスヘッド型ディーゼル機関のシステム油に金属分が多量に混入しているときは，軸受メタルの異常摩耗や損傷の可能性がある。また，トランクピストン型ディーゼル機関のシステム油の場合は，ピストンリングやシリンダライナの異常摩耗も疑われる。このトラブルは，潤滑油ストレーナの掃除作業時やクランクケース内の点検作業時に金属粉や金属片を見つけて気づくことも多い。
- トランクピストン型ディーゼル機関の場合，システム油の消費量が通常より増加した場合，ピストンリングやシリンダライナの過大摩耗によって，システム油が掻き上げられている可能性が高い。

（3）システム油の清浄

　潤滑油の性能を維持し極力長く使用するためには，遠心分離機やフィルタを有効に使用して，油中に混入した異物や変質物を除去する必要があります。航海中に遠心分離型清浄機を使用して側流清浄を行う場合は，燃料油の清浄と同様に，通油温度，通油量を適切に管理することによって清浄効果が上がります。また，清浄機のスラッジ排出インターバルは，清浄機の開放整備時の汚れ具合で判断しますが，2時間を超えないようにしましょう。

　一般的に，入渠時などを利用して，主機ディーゼル機関のシステム油は全量，清浄を行います。まず，潤滑油サンプタンク内のシステム油を潤滑油セットリングタンクに全量移送して，数日間加熱し静置します。その後，潤滑油セット

リングタンク底部の油を抜き，静置清浄されたシステム油を遠心分離型清浄機に通して，内部掃除を終えた潤滑油サンプタンクに戻します。

＜主機システム油の性状不良によるトラブル事例＞

※ その1：主機過給機焼損事故

VLCC の E 号において，揚地へ航行中に突然，主機が自動減速し，機関室火災警報が吹鳴した。主機を停止し機関室を確認したところ，主機 No.1 過給機付近で煙が充満し，排気集合管が赤熱していた。消火活動後，No.1 過給機がほぼ全損状態であることが確認された。本船は損傷した No.1 過給機をカットして No.2 過給機1台で揚地まで航行を行い，揚げ荷後に修理を実施した。

過給機損傷に至る過程は，以下のように推測された。

ブロア側スラスト軸受が損傷 → ロータが移動し，内外ガスパッキン環とタービンディスクが接触 → タービン翼，ガス案内筒，軸受台が損傷 → 軸受潤滑油がガス側通路へ流出 → 排気集合管で火災発生

また，事故の引き金になったスラスト軸受の損傷原因は以下の2つの不具合が重なったと考えられた。

① 潤滑油の性状管理不良

過給機は主機システム油と同じ系統で潤滑されていたが，潤滑油の性状分析が1年間行われておらず，炭化物や金属粉など多量の異物混入が認められた。また，事故4か月前から過給機入口の潤滑油フィルタが閉塞気味で，4時間ごとに手動逆洗が必要になっていた。

② スラストカラーの修正不良

前回の入渠時に過給機スラスト軸受の新替え，スラストカラー摺動面の修正加工を実施したが，スラストカラーの加工ミスで約 $40\,\mu m$ の傾きが生じ，軸受の面圧が増加していた可能性

があった。

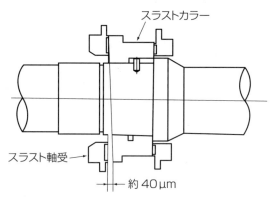

図表 2.22　過給機スラストカラー修正不良の説明図

　潤滑油を適切な性状に維持することは機関管理の基本ですが，過給機のような高速回転機器の潤滑油はとくに注意する必要があります。定期的に陸上で性状分析を行うこと，フィルタの閉塞などの汚れの兆候を見逃さないことが事故防止のポイントです。

※　その 2 ：潤滑油への海水混入事故

　　自動車運搬船 F 号は，入渠工事を終了し○○港に向け航行中，主機のシステム油の減少が続き，○○港において主機内部や入渠時に行った工事個所を中心に点検を行ったが，原因は判明しなかった。○○港から△△港に航行中に，システム油の乳化がはなはだしいことに気づき，船内で分析したところ水分 3.6 ％ が検出された。水分の混入によって主機入口の潤滑油圧力も低下してきたので，主機を減速運転して航行した。

　　△△港において，主機の潤滑油冷却器を点検した結果，潤滑油チューブ 1 本に破孔が発生していることを発見し，システム油に海水が混入したことが判明した。破孔したチューブに盲栓を打ち，潤滑油サンプタンク内を掃除するとともに，主機潤滑油系統内の

システム油を排出し，システム油をすべて新油と交換する対応を行った。

海水冷却式の潤滑油冷却器においては，チューブの破孔はしばしば経験するトラブルです。発見が遅れると，軸受などのトラブルにつながるばかりでなく，潤滑油をすべて新油に交換することになり，コスト的にも大きな損失になります。

また，近年は主機の大型化に伴ってプレート式の潤滑油冷却器もよく使われていますが，ガスケットの劣化，はみ出しや伝熱プレートの損傷によって，潤滑油の外部漏洩，冷却水の内部漏洩が起こります。プレート式冷却器では，開放整備後の組み立て不良によるトラブルも多く，注意が必要です。

2.3.3　シリンダ油の注油量

クロスヘッド型ディーゼル機関のシリンダ注油量の管理は，シリンダ油が機関運転中は連続して消費されるとともに，高価であるために，技術的な面ばかりではなく，コスト管理の面からも重要です。

従来の機関では，シリンダ油の注油システムは蓄圧式差圧注油や機械式タイミング注油であったために，適切なタイミングで注油することが困難であり，ムダな注油を避けることができませんでした。しかし，近年は多くの船舶で電子制御注油方式になり，最適なタイミングでの注油が可能になったために，注油量の低減が可能になりました。

また，シリンダ油の最適な注油量を把握する手法についても，新たな考え方が導入されています。

(1) 従来のシリンダ注油量の管理

主機ディーゼル機関は就航後の慣らし運転を終えた後，シリンダライナ表面やピストンリングの摺動面，ピストンクラウンの汚れを定期的に目視点検し，

低温腐食や凝着摩耗などの有無によって潤滑状態の良し悪しを判断します。そして，異常がなければ主機取扱説明書に記載されたシリンダ油減量曲線に沿って注油量を徐々に減量し，目視点検を繰り返して最適注油量に近づけていきます。

　また，停泊中に掃気ポートからピストンリングの合い口距離を計測して推測したリングの摩耗量や，排気弁交換時に計測できるシリンダライナ内径の摩耗量も，シリンダ注油量を決める重要な情報になります。

　蓄圧式差圧注油や機械式タイミング注油では，注油量が主機回転数に比例するため，主機を長期間減速運転した場合は注油量過多になります。長期間の過剰注油はピストンクラウンやトップランドに生じた堆積物でシリンダライナ，ピストンリングの異常摩耗を引き起こしますので，注油量調整が必要になります。

(2) 新たなシリンダ油の管理

　クロスヘッド型ディーゼル機関のシリンダライナとピストンの摺動面の潤滑は，使用中の燃料性状，機関負荷，運転環境に大きく影響されますが，近年は燃料費削減を目的にした低負荷運転指向も加わり，従来に比べてより精緻にシリンダ注油量を管理する必要があります。

　主要な機関メーカーは，まず使用燃料油中の硫黄分によってシリンダ油を最適なアルカリ価の油種に変更することを求めています。また，機関内部の目視点検に加えて，定期的なシリンダ油ドレンの陸上分析によって，鉄分含有量と残留アルカリ価を確認し，それらの値のトレンドによって注油率を増減するきめ細かい管理を推奨しています。具体的には各機関メーカーの取扱説明書や技術サービス情報を確認してください。

2.4　その他の重要な管理業務

2.4.1　ディーゼル機関の燃焼管理

(1) 燃焼状態の把握

　ディーゼル機関におけるトラブルの多くは，燃料の燃焼状態が悪いことに起因して発生しています。シリンダ燃焼室部品の焼損，過大摩耗やガスのブローバイ，未燃燃料油の爆発による過給機の損傷などは燃焼不良による典型的なトラブルです。よって，良好な燃焼を維持することはディーゼル機関を管理する上での重要なポイントです。

　燃焼状態の異常は煙突からの排煙濃度によってわかりますが，シリンダ毎の判断は機関の運転データ（とくに排気温度）や筒内圧（圧縮圧，燃焼最高圧）などを計測して行います。定期的に主機運転データを評価する際（図表1.11の

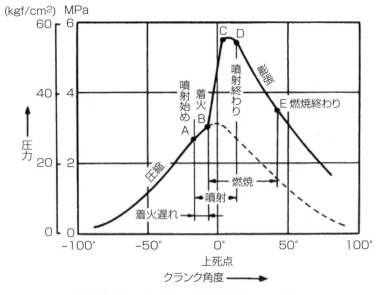

図表 2.23　インジケータ線図（ドローカーブ）
（出典：日本財団図書館（電子図書館））

Main Engine Power Data 参照）は，インジケータ線図も採取して各シリンダの筒内圧を計測すると，シリンダ間の出力の不ぞろい，燃焼の良否が確認できます。たとえば，他のシリンダと比べて圧縮圧，燃焼最高圧が低く，排気温度が高いシリンダは，燃焼状態があまり良くないと判断できます。また，計画より燃焼最高圧力が低く，排気温度が高いときは，燃料噴射タイミングが遅すぎる可能性があります。

　最近は，筒内圧センサーによって常時，燃焼状態を監視している船舶もありますが，着火遅れや後燃えの長さも容易に知ることができ，的確な燃焼管理が行えます。

（2）燃焼不良の原因

　シリンダ内での燃焼不良の多くは以下のような原因で起こっています。

- 燃料油の性状不良，燃料油の前処理不良
- 燃料油の噴霧不良
- 燃焼空気の不足

　燃料油の性状による燃焼不良は，難燃性や着火遅れが生じる燃料油を使用したときに生じます。前処理不良による燃焼悪化も含めて，詳しくは「2.2 燃料油管理」を参照してください。

　燃料油の噴霧不良は，燃料噴射弁の啓開圧力の低下やアトマイザ噴霧孔の損傷，衰耗，汚れによって生じます。船内では燃料噴射弁を抜き出して整備した後，専用のテスト装置で噴霧テストすることで，噴霧状態の良否を確認することができます。噴霧状態が悪いときは，燃料噴射弁の啓開圧力の調整や専門業者によるアトマイザのリコンディションが必要になります。

　燃焼空気の不足は，過給機の性能低下や空気冷却器空気側の汚れ，目詰まりがよくある原因です。とくに過給機はタービンブレードやノズルの汚れや衰耗だけではなく，ブロア側の汚れも性能低下への影響が大きく，過給機の適切な整備は良好な燃焼を維持するポイントです。

図表 2.24　燃料噴射弁の噴霧テスト
左は良好，右の 2 枚は不良。

以下のような状況の場合，過給機の性能低下が疑われます。

- 過給機ブロア側のサージング発生
- 掃気圧力が正常時に比べて低下
- 過給機入口／出口排気温度の温度差が正常時に比べて小さい
- 全シリンダ出口排気温度が正常時に比べて高い

　また，船舶が激しいトルクリッチ状態にあるときも，過給機の回転数が上がらず，燃焼空気量不足からさまざまなトラブルを引き起こします（「1.2.3 トルクリッチ状態の把握」参照）。

2.4.2　水質管理

　ボイラ用給水や缶水の水質管理が不十分であると，ボイラ内部にスケール（Scale）が付着したり，腐食（Corrosion）やキャリーオーバー（Carry Over）などの障害が発生します。

- スケール付着
　　給水に含まれる不純物がボイラ内部で濃縮されて，ボイラ内面へ析出，沈殿，水中浮遊し，伝熱効率の低下や孔食発生につながる。軟質な沈殿物や浮遊物は，缶水のブローによって排出する。

- 腐食

　　缶水の不適切な pH や溶存酸素の存在でボイラ内部の鋼表面に腐食が発生する。また，熱交換器チューブの破孔などで，海水が給水系統に混入すると，海水に含まれる塩類によっても腐食が発生する。

- キャリーオーバー

　　缶水中の溶融，浮遊物質が蒸発中に搬出され，過熱器チューブ，ノズル／タービン翼などへ析出，付着する。

　このようなトラブルを予防するために，定期的（たとえば補助ボイラでは毎週１回）に給水や缶水の水質試験を行うとともに，缶水ブロー，清缶剤などの薬品投入によって，給水や缶水の水質を水質管理基準内に維持する必要があります。

　水によるボイラの障害を防止するためには，まず，給水中の不純物や溶存酸素がボイラに送られないようにできるだけ抑制することが有効です。給水に蒸留水を用いても多少の不純物は含有しており，それがボイラ内部で濃縮されて不純物の濃度が増大します。不純物の濃縮によるスケール化を防止するために，清缶剤で不溶解沈殿させ，ブローで排出する必要があります。また，ボイ

	圧力区分　MPa	1以下	1〜2		2〜3	
	処理方法	Caustic	Caustic	Low-pH	Caustic	Low-pH
給水	pH @25℃	7〜9	8〜9	8〜9	8〜9	8〜9
	溶存酸素　ppm	低く	0.5以下	0.5以下	0.1以下	0.1以下
缶水	pH @25℃	10.5〜11.5	10.5〜11.5	10.0〜10.8	10.0〜11.0	10.0〜10.8
	導電率　uS/cm@15℃	1500以下	1000以下	800以下	1000以下	800以下
	Pアルカリ　ppm as CaCO3	200以下	200以下	100以下	120以下	80以下
	Mアルカリ　ppm as CaCO3	250以下	250以下	130以下	150以下	100以下
	全蒸発残留分　ppm	1000以下	500以下	500以下	500以下	500以下
	塩素イオン　ppm	20以下	10以下	10以下	10以下	10以下
	リン酸イオン　ppm	20〜40	10〜30	20〜70	5〜20	20〜70
	シリカ　ppm	10以下	10以下	10以下	10以下	10以下
	ヒドラジン　ppm	0.1〜1.0	0.1〜1.0	0.1〜1.0		

図表2.25　補助ボイラの水質管理基準のサンプル

ラ水の適正な pH を保つために，低圧の補助ボイラでは通常，アルカリ処理（Caustic 処理）で pH 調整が行われます。

　水質は，半年に 1 回程度は陸上の分析機関でも分析を行い，船内での水質試験結果が適正であるのか確認するのがよいでしょう。また，ディーゼル機関搭載船の補助ボイラにおいては，蒸気タービン推進船の主ボイラほど厳格な水質管理が要求されませんが，機関長は担当機関士に任せっぱなしにすることなく，自身でも適切な管理が行われていることを確認することが大切です。

2.4.3　廃油／ビルジ処理

　機関室で発生した廃油やビルジは船内の処理設備を利用して移送や処理を行い，油記録簿（Oil Record Book）に記載し記録します。

　廃油は通常，廃油専用のタンクに集め，水分を蒸発させて取り除いた後に，船内の焼却炉で焼却処理または陸揚げ処理します。機関室のビルジはビルジタンクに集め，油水分離器を通して油分を 15 ppm 以下にし，船外排出処理を行います。また，ビルジを最初に前処理タンクに送り，ラフに油分を取り除いた後にビルジタンクへ移送する船舶もありますが，これは油水分離器内部のフィルタの負荷を軽減するためのひとつの方法です。

　いずれも，法令に基づいて適正に処理を行うことが重要ですが，不法投棄や違法排出していないことを，ポートステートコントロール（PSC，後述）などの外部の監督官などに証明できるようにすることが管理のポイントです。よって，油記録簿は間違いなく記載するとともに，廃油やビルジの処理量や処理時間はすべてつじつまが合っているか確認が必要です。また，外部の監督官などへの説明を容易にするために，自船の廃油，ビルジ処理システム図と処理記録を油記録簿以外に別途作成しておくことも有効です。

　機関長は，廃油やビルジの処理が担当機関士によって適正に行われていることに注意をするとともに，ビルジの船外排出弁など誤操作が海洋汚染につながるバルブは，キーロックするなど誤操作防止対策を行うことが求められます。

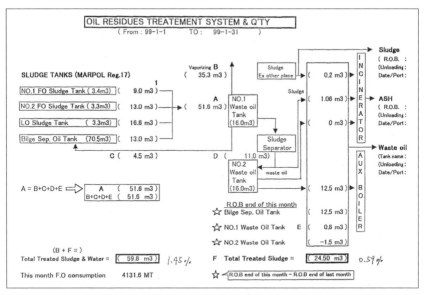

図表 2.26　廃油処理記録（外部説明用）のサンプル

図表 2.27　油水分離器
（出典：日本船舶機関士協会 HP）

図表 2.28　油水分離器の分離水船外排出弁

船外排出弁のバルブハンドルはキーロックされ，機関長の許可を得て操作する。また，船外排出弁手前の配管フランジ取り付けボルトはシールされ，配管の取り換えによるビルジの不法排出ができないように管理されている。

2.4.4　貨物管理

　積載貨物を安全，確実に輸送するための貨物管理は，船長，航海士だけの業務ではありません。貨物の種類や船種によって異なりますが，船舶機関士も貨物管理に密接にかかわっており，責任の一端を担っているという自覚が大切です。とくに，LNG 運搬船，LPG 運搬船の Gas Engineer や冷凍貨物船，コンテナ運搬船の Reefer Engineer は，貨物管理が主たる職務です。業務に当たっては，荷主の Cargo Instruction を理解し，貨物のトラブルを防止することが最も重要な業務目標です。

　また，他の船種でも貨物関連の機器のメンテナンス業務は，通常，船舶機関士が行っており，機器の状態を適切に維持するとともに，機器の運転に当たって貨物部門と密接にコミュニケーションを取り業務を遂行することが求められます。

　機関長は，貨物管理に限らずすべての職務を適切に行うためには，自船の置かれている立場をしっかりと理解する必要があることを認識すべきです。よって，用船契約書（Charter Party）や航海指示書（Sailing Instruction），船舶管理会社からの指示書などにも目を通し，内容を理解しておきましょう。

第❸章
機関プラントの安全管理

　船舶における重大な災害は，人身事故，海洋汚染，貨物の損失，運航不能などにつながるため，船舶を安全に運航することは乗組員の最も重要なタスクです。船舶機関士が職務を遂行するにあたっても，絶対に起こしてはいけない重大災害を認識し，それを回避することが安全管理のポイントと言えます。

　船舶機関士が回避すべき重大災害とはどのような事故なのでしょうか。重大災害を起こさないようにするにはどのような対策を取るべきなのでしょうか。また，不幸にして事故が起こってしまったときには，どのようにして影響をミニマイズすべきなのでしょうか。

　機関部の責任者である機関長は，常日頃から重大災害予防に努めるとともに，災害の発生に備えておくことがリスク管理の面から大切であることを認識すべきです。そして，機関部チーム全員の安全意識を高めるべく指導を行い，安全な職場づくりに努めなければいけません。

3.1　機関事故

3.1.1　労働災害

（1）陸上での労働災害

　厚生労働省の統計によると，近年，全産業の労働災害度数率は 1.6 程度，強度率は 0.1 程度で推移し，全体的に停滞傾向にあります（図表 3.1）。それでも，全事業所の労働災害による死亡者は昭和 40 年代には年間 5000〜6000 人でしたが，近年は 1000 人程度まで減少し，社会全体で安全管理が強化された効果

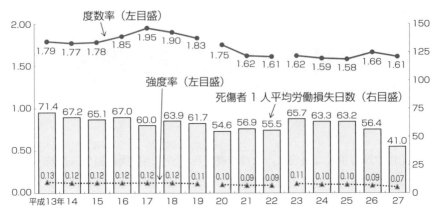

図表 3.1　労働災害率（度数率，強度率）および死傷者 1 人平均労働損失日数の推移
　　　　　一全産業計（事業所規模 100 人以上）
　　　　　（出典：平成 27 年厚生労働省労働災害動向調査）

が表れています。

- 度数率：100 万延べ労働時間当たりの労働災害による死傷者数
- 強度率：1000 延べ労働時間当たりの労働損失日数

　度数率は災害発生件数を評価するのに対して，強度率は発生した災害の深刻
度を評価しています。一般的に，日本では度数率，欧米では強度率を重視する
傾向にあると言われています。

　事業所規模による災害発生を見ると，規模が小さい事業所ほど度数率が大き
く，災害発生率が高い傾向にあります（図表 3.2）。

　また，労働災害の原因は，製造業で見ると，挟まれ・巻き込まれ，転倒，墜
落・転落，切れ・こすれが全体の 60〜70％ を占めます。これを製造業のなか
の造船所に特定すると，墜落・転落，挟まれ・巻き込まれの原因がとくに多
く，高所作業や重量物の取り扱い作業が多い職場の特徴を反映していると言え
ます。

区分	度数率					強度率				
	計	1,000 人以上	500～999 人	300～499 人	100～299 人	計	1,000 人以上	500～999 人	300～499 人	100～299 人
調査産業計（平成 26 年）	1.61 (1.66)	0.39 (0.47)	1.06 (1.07)	1.52 (1.58)	2.20 (2.26)	0.07 (0.09)	0.03 (0.04)	0.04 (0.04)	0.09 (0.09)	0.08 (0.13)

図表 3.2　事業所規模別労働災害率―全産業（事業所規模 100 人以上）
（出典：平成 27 年厚生労働省労働災害動向調査）

（2）船員の労働災害

　国土交通省の統計によると，平成 27 年度の一般商船の労働災害発生率は1000 人当たり 7.8 人（千人率）で，30 年前の昭和 60 年度の 20.2 人と比較して大幅に減少していますが，近年はほぼ横ばい状況です。また，陸上労働者の災害発生率と比較すると，陸上の全産業平均の 3 倍程度，運輸業平均と同じ程度の災害発生率であることがわかります（図表 3.3）。

　船員の労働災害を作業別に見た場合，整備作業中の災害が約 40 ％であり，出入港作業中，荷役中と続きます。また，整備作業中の労働災害の原因は，多

（単位：千人率）

業種別		平成 26 年（度）職務上休業4 日以上	平成 26 年（度）職務上死亡	平成 27 年（度）職務上休業4 日以上	平成 27 年（度）職務上死亡
船員	全船種	9.7	0.3	8.7	0.2
	一般船舶	7.3	0.2	7.0	0.1
	漁船	13.5	0.5	11.9	0.3
	その他	7.3	0.2	6.2	0.1
陸上労働者	全産業	2.3	0.0	2.2	0.0
	鉱業	8.1	0.4	7.0	0.3
	建設業	5.0	0.1	4.6	0.1
	運輸業	6.4	0.1	6.3	0.1
	陸上貨物運輸事業	8.4	0.1	8.2	0.1
	林業	26.9	0.7	27.0	0.6

図表 3.3　船員と陸上労働者の災害発生率比較
（出典：平成 27 年度国土交通省海事局 船員災害疾病発生状況報告）

くが転倒，墜落・転落，挟まれ，無理な動作で，船舶の職場の特徴を反映しています。

3.1.2　海難と機関トラブル

(1) 事故統計

　海上保安庁の統計（図表 3.4）によると，貨物船の海難事故の約 70％ は衝突，座礁といった操船にかかわる事故で，機関故障は 17％ です。また，機関事故の原因のうち，機関取扱不良などの人為的な要因が約 60％ を占め，材質や設計・製造不良のような不可抗力などが約 40％ を占めています。

　日本海事協会（NK）のディーゼル主機関の損傷率の統計（図表 3.5）は，船舶の航行に支障を及ぼした損傷と船舶検査の際に発見した損傷の集計で，比較的大きな機関損傷事故の傾向が見てとれます。2 サイクル機関，4 サイクル機関ともにディーゼル主機関の損傷率は，1990 年代後半には 10％ 近い値でしたが，近年は 2〜3％ で推移しているようです。

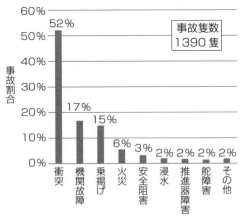

(a) 貨物船事故種類別の割合（過去 5 年間）

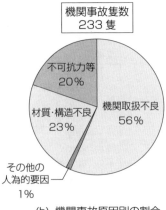

(b) 機関事故原因別の割合
（過去 5 年間）

図表 3.4　海難事故統計
（海上保安庁「海難の現況と対策について」（平成 27 年版）のデータを基に作成）

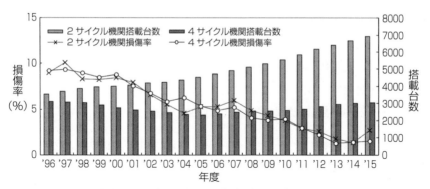

図表 3.5　ディーゼル主機関損傷率の年度別推移
（出典：日本海事協会会誌 2016（Ⅲ）「2015 年度の損傷のまとめ」）

　また，従来は 2 サイクル機関では過給機や燃焼室周りの損傷率が高く，4 サイクル機関ではクランクピンや軸受の損傷率が高かったのですが，近年はどちらも減少傾向にあるようです。2 サイクル機関の損傷減少は，機関の信頼性向上に加えて，燃料油の価格上昇によって一般的に行われている減速運転の拡大で，主機の高負荷運転が少なくなったことが一因と考えられます。

（2）機関トラブルの実態

　船舶の堪航性に影響のない比較的小さな故障も含めた機関トラブルの統計はありませんが，著者の経験から言えば，船上では大小の機関トラブルが日常的に発生しており，船舶機関士は日々，その対応を行いながら機関プラントの運転を維持しています。

　トラブルは大きく分けて，以下のような原因で発生しています。

- 人為的な要因
  整備・点検不良，運転・運用不良，操作ミス，判断ミス，コミュニケーションエラーなど
- 機器の信頼性不良
  設計・製造・材質不良など

- 燃料油の性状不良

  船内でコントロールできない性状の粗悪油の使用，近年では低硫黄燃料油の使用による不具合など

- 経年劣化

  機器や部品，配管などの劣化，腐食，汚損

　機関トラブルの多くは，前述の海上保安庁の機関事故原因別統計で示されているように，機関の取扱不良のような人為的な要因で発生しています。とくに，機器の整備・点検不十分や潤滑油の性状管理不良による機関トラブルが多いようです。また，新型のエンジンの場合には，しばらくは初期故障のような信頼性不良によるトラブルが頻発することがよくあります。補油した燃料油の性状不良や機器の経年劣化のように，乗組員が完全にコントロールできないトラブルも少なくなく，機関トラブルの防止対策を難しくしています。

　　＜実船での機関アラーム発生状況の調査結果（図表 3.6）＞

　　機関アラームの発生頻度や発生原因は，船舶ごとにかなりの違いがある。著者が 2016～2017 年にかけて調査した外航大型商船 4 隻においても，各船のアラーム発生頻度は 1 日平均 0.31 回から 1.14 回まで大きな開きがあった。これは，機関プラントを構成する機器，使用燃料油，航行海域，運航スケジュール，船齢，懸案の有無など，機関アラーム発生に影響する要因が船舶ごとに違うためである。船舶機関士が，ほぼ毎日，機関アラームへの対応を強いられる船舶もあるということは知っておく必要があろう。

　　一方，機関アラームの発生原因別の割合は，前出の海上保安庁の海難統計の機関事故原因とはかなり違いがあり，人為的な要因は 30 % 前後であった。機関アラーム発生は日々の機関プラントの不具合の実態を表しており，海難のような重大な事故発生とは異なるためと思われる。燃料油の性状不良による機関アラームの割合は船舶による差が大きいことが見て取れるが，各船の使用燃料油の質や量の違いを反映していると考

えられる。

	Ａ号	Ｂ号	Ｃ号	Ｄ号
人為的な要因 （整備不良，調整不良，運用不良など）	26％	40％	30％	27％
機器の信頼性 （設計材質不良，部品不良，設置環境不良など）	20％	4％	20％	11％
経年劣化 （汚損，腐食，破孔）	20％	19％	14％	11％
燃料油の性状不良 （低硫黄燃料によるトラブルを含む）	0％	0％	5％	33％
その他 （海象／海域の特殊性，誤警報，原因不明など）	33％	37％	31％	18％
1日当たりの機関アラーム発生件数	0.31	0.36	0.78	1.14

図表3.6　実船での機関アラーム発生原因の調査結果（原因別割合）

＜設計不良／製造品質管理不良による機関事故事例＞

　超大型原油タンカー G 号の主機で燃料カムとローラーの損傷が発生し，当初は補修，取り替えで対応したが，再発した。同型主機搭載のタンカーで一斉点検を実施したところ，他船でも同様の亀裂や圧痕が発生しているのがわかった。機関メーカーが原因を調査し，以下の不具合が判明した。

- 前後進切り替えのためのカム軸移動時，許容せん断力以上の負荷が部材にかかっている（設計不良）。
- 燃料ローラーの表面硬度が図面指示以下の製品もある（工程管理／製造検査不良）。

　このトラブルに対しては以下の対策が取られた。

- 硬化層の強度アップ型ローラーに取り替え
- 前後進切り替えカム移動を行う主機回転数を変更

　　● 製造工場での品質管理システムの見直し

　この機関トラブルは，エンジンメーカーの設計不良，製造時の品質管理不良が原因ですが，同じ機種の機関で同じトラブルが発生して初めて何かおかしいと気付くものです。トラブルの早期対応には，乗組員，陸上の船舶管理者，エンジンメーカー，三者の協力，情報共有が必要です。

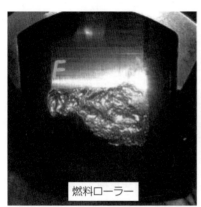

燃料ローラー　　　　　　　　　　　燃料カム

図表 3.7　損傷した燃料ローラーと燃料カム

＜経年劣化による機関事故の事例＞

　超大型原油タンカー H 号は〇〇港の沖合で補油を行った後，積地に向けて出港するために機関制御室操縦でトライエンジンを行ったが，主機を起動できなかった。機側操縦に切り替えて再度トライエンジンを行っても同じ状況で，起動空気は投入され，数秒後に燃料運転に移行するが，直ぐに主機回転数が低下し停止する。給気不足の可能性を考え各部を点検するなかで，空気冷却器のミストキャッチャーの内部に大量の海水が溜まっているのが判明した。海水を排出し，空気冷却器を調べると，2 号空気冷却器の冷却海水チューブの 4 本が破孔していたので，プラグアップを実施した。

主機起動不能に至る原因は以下のように推定された（図表 3.8）。

- チューブの破孔の大きさから，破孔は補油入港後ではなく，航海中から発生していた。航海中は主機掃気圧が海水圧より少し高く，問題なく運転できた。

- 入港前の主機減速後に，給気側への海水漏洩が増加してミストキャッチャー内部に徐々に滞留した。ミストキャッチャーのドレンバルブは航海中，クリーンビルジタンクへの掃気吹き出しを調整す

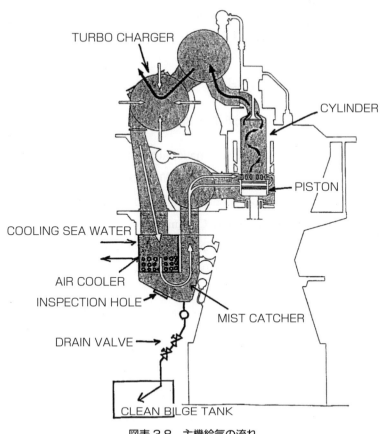

図表 3.8　主機給気の流れ

るため，バルブ開度を 1/8 に絞っていた。

- 停泊中も破孔したチューブからの海水漏洩は続き，1 号と 2 号空気冷却器のミストキャッチャードレンラインがつながっていたために，1 号のミストキャッチャー内部にも海水が流入した。
- 出港時，海水ポンプを運転した後に海水漏洩量が増加し，両方の給気通路を塞ぎ，給気不足から主機燃料運転不能に至った。

　主機の海水冷却式空気冷却器のチューブの破孔は珍しくないトラブルですが，主機運転不能に至るこの事例は特異なトラブルと言えます。また，入渠中などに点検整備を実施しても海水チューブの破孔は完全に予防できず，トラブル発生後に乗組員が対応する場合が多いのが実情でしょう。

3.2　船舶の安全規則

3.2.1　安全に関する海事法規

（1）IMO（国際海事機関，International Maritime Organization）

　IMO は国際連合の専門機関で，船舶の法規に関する国際条約を審議し，採択します。IMO の機構には船舶の安全に関する条約案を作成する海上安全委員会（MSC：Maritime Safety Committee）や環境規制案を作成する海洋環境保護委員会（MEPC：Marine Environment Protection Committee）があります。IMO で採択された条約は批准国が一定数以上になり発効要件を満たすと発効します。

　機関部の責任者である機関長は，船舶の安全や環境保護にかかわる以下の海事法規の概要を理解しておく必要があるでしょう。

- SOLAS 条約（海上における人命の安全のための国際条約）
- STCW 条約（船員の訓練及び資格証明並びに当直の基準に関する国際条約）

- MARPOL 条約（船舶による汚染の防止のための国際条約）

(2) ポートステートコントロール（PSC : Port State Control）

　船舶には国際条約によって決められた技術水準の船体，機関を整え，必要な資格の船員を乗り込ませなければいけませんが，寄港国が入港してきた船舶に検査官を送り，その適合性を確認することが国際条約で認められています。この立ち入り検査をポートステートコントロール（PSC）と言い，国際基準を満たさない劣悪な船舶（サブスタンダード船）を締め出し，国際条約の早期の普及を促進することを目的としています。

　日本海事協会の PSC レポートによると，2016 年，船舶の堪航性や乗組員の安全を損なうか海洋環境に対して害となる脅威があると指摘された欠陥は1310 件で，拘留（Detention）された件数は 471 件でした。欠陥内容の約 3 分の 1 は消防設備や救命設備の欠陥だったようです（図表 3.9）。

　拘留につながった欠陥のなかで機関部が関係する主な不具合を以下に列記します。船長，機関長は，このような第三者の資料を参考にして自船の状況が国際水準を満たしているのか，注意を払う必要があるでしょう。

- 消防設備
    - 防火ダンパの作動不良・腐食衰耗
    - 防火戸自動開閉装置の作動不良，閉鎖不良
    - 火災探知装置の作動不良
    - 消火ポンプの作動不良，消火主管の腐食衰耗・破孔
    - 固定式消火装置の作動不良，CO_2 ラインの腐食衰耗・破孔
    - 機関室内設備からの油漏洩による火災の危険性
- 救命設備
    - 救命艇エンジンの作動不良（バッテリー不良を含む）
- 水密状態
    - 空気管・通風筒の腐食衰耗・破孔

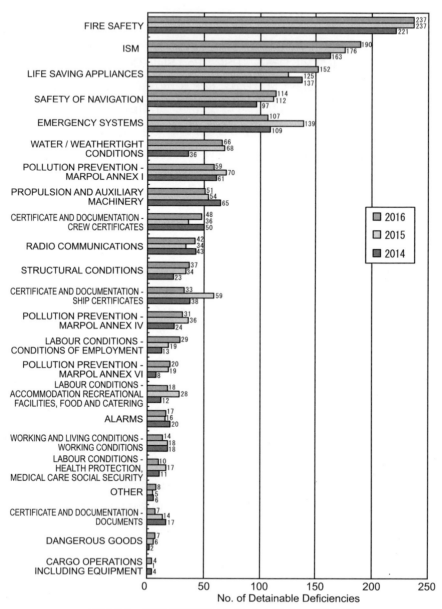

図表 3.9　PSC で拘留につながったカテゴリー別の欠陥
(出典：日本海事協会「Port State Control 年次報告書」2017 年)

　　　　空気管・通風筒の閉鎖装置の破損・固着
- 緊急体制
　　　　非常用消火ポンプの作動不良・吐出圧力不足
　　　　非常用発電機が始動しない
　　　　防火操練の失敗
- MARPOL
　　　　油水分離装置の作動不良，乗組員の操作不精通
　　　　油水分離装置の油排出ラインの油汚れ
　　　　焼却炉の作動不良
- 機関
　　　　主機 Oil Mist Detector の不具合
　　　　主機の油および冷却水の漏れによる汚れ

3.2.2　安全管理システム

　船舶の安全運航確保と海洋環境保護のために，IMO において船舶の管理業務を規定した ISM（International Safety Management）コードが 1993 年 10 月に採択され，2002 年 7 月，国際航海に従事する 500 総トン以上の全船舶とその運行管理を行う会社に対して強制化されました。船主や船舶管理会社は ISM コードに沿って船舶の安全管理システム（SMS：Safety Management System）を構築し，それを文書化したマニュアルを作成，保持することが義務化され，船内でも SMS で規定された業務方針，業務マニュアルに従って業務を実施することになりました。

　職場の安全を維持，向上させるためには，組織のトップがその重要性を認識し，安全管理システムを構築して組織全体で日常的に活動を行うことが大切です。ISM コードも同じで，海陸の役割を明確にした上で，船舶の安全運航を海陸全体で維持していこうとする考え方です。事故が発生したときも事故を起こした当事者や現場だけの責任ではなく，最終的には組織の安全管理が不十分で

あったためで，安全管理システムの不具合を改善すべきであると考えなければ
いけません。

　安全管理システムの核心は，日常的に P–D–C–A サイクルを回して継続的な
改善活動を行い職場の安全性の向上を図ることです。

　たとえば，機関事故が発生したときの改善活動は以下のようになります。

- Plan　　：事故の原因を究明し，再発防止策を策定する。
- Do　　　：対策を関係者に周知して実行する。
- Check　：時間を空けて，対策が実際に実施され有効であるのか評価する。
- Action ：評価の結果，対策が有効でなければ対策の見直しをする。

　しかし，安全管理システムが機能している
ことを証明する記録の作成や，マニュアルの
改訂など，システムを維持するために大きな
労力を要し，本来の改善活動が疎かになって
いる場合も見受けられるようです。

　また，主要な業務はすべてマニュアルや
チェックリストに沿って行うことが規定さ
れ，作業の意味や根拠を考えずにただマニュ
アルやチェックリストどおりに手順をこな
す，いわゆるマニュアル人間が育ちやすくな

図表 3.10　P-D-C-A サイクル

る傾向もあり，注意する必要があります。一方，ベテランの乗組員のなかには
マニュアルやチェックリストを無視して自身の経験で作業を行う者もいるよう
です。

　機関長は安全管理システムを有効に機能させるために，マニュアル化によっ
て陥りやすいマイナス面も認識し，船長や陸上管理者とともにシステムが有効
に機能するように改善を図らなければいけません。

3.2.3　船級協会

　船体，機関などの検査を行って，船舶の安全性や堪航性を船主や船舶建造者ではなく，第三者の立場から公平に評価する目的で設立されたのが船級協会です。船級協会は船級規則によって検査の内容，期間を決め，検査に合格することによって船舶の安全性にお墨付きを与えますが，その評価は，保険，用船，売買船の業務を円滑にします。また，船級協会には国際条約によって本来，国の機関が行う検査の一部を代行して実施し，必要な条約証書の発行を行うという役割もあります。

　日本においては，船舶は船舶安全法によって，日本国政府機関（JG）の検査を受けなければいけませんが，日本海事協会（NK）が船体構造，機関，艤装品（救命，消防設備以外）の検査をJGから委託されています（外航貨物船の場合）。

　世界の主な船級協会にはNKの他に，LR（ロイド船級協会），DNV GL（DNV GL船級協会），ABS（アメリカ船級協会），BV（フランス船級協会），CCS（中国船級協会）などがあります。

3.2.4　リスクアセスメント（Risk Assessment）

　安全管理におけるリスクアセスメントは，事故の危険性を事前に抽出して評価し，必要な対策を実施することによって事故発生のリスクを許容できる範囲に収めることです。事故が起きてから再発防止策を実施する従来の安全対策に対して，潜んでいるリスクを積極的に洗い出し，事故を未然に防止するとともに，事故のリスクを低減する安全対策と言えます。

　リスクアセスメントとリスク低減は，以下のような手順で行われます。

　① 危険性や有害性（ハザード）の特定

　　　職場にある機械・設備や環境などについて，危険性や有害性のある要因を洗い出す。

② リスクの見積もり

　洗い出した危険性や有害性のある要因について，リスクの大きさを把握し，定量化する。

　　リスクの大きさ＝危害（被害）の程度×危害の発生頻度

③ リスクの評価

　見積もったリスクが許容可能かどうか判断する。

④ リスク低減対策の検討

　リスクが許容可能でなければ，リスク低減対策を講じる優先順位を決めるとともに，安全，技術，コストの面から総合的に判断してリスクを下げる対策を考える。

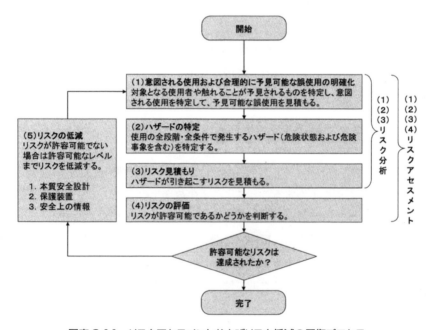

図表 3.11　リスクアセスメントおよびリスク低減の反復プロセス
（出典：経済産業省，リスクアセスメント・ハンドブック 実務編，2011 年 6 月）

⑤　リスク低減対策の実施

　　　決定したリスク低減対策を実行する。対策を講じた後，対策の有効性や改善効果を確認する。

　船舶においても，国際安全管理コード（ISM Code）で，リスクアセスメントが要求されており，すべての船内作業の評価に加えて，特殊な作業を行う場合は，事前にアセスメントを実施することが必要です。機関部の作業においても，日常的な定常作業以外の業務を実施する時は，事前にリスクアセスメントを実施し，作業前のミーティングを利用して作業員全員でリスク低減措置の確認をするのがよいでしょう。

　　　＜機関部作業のリスクアセスメントとリスク低減の例＞
　　　作業内容　　：HFO サービスタンク内部の点検，掃除作業
　　　運航状態　　：入渠中
　　　作業員　　　：機関士 1 名，機関部員 2 名
　　　現状の措置：
　　　　　閉鎖区画作業許可書（保護具着用，酸素濃度計測，区画外に連絡要
　　　　　員配置など）を作成し，船長，機関長，陸上管理者の承認を得て作
　　　　　業を実施する。
　　　　　事前に，作業前のミーティングを行い，手順，安全対策を確認する。
　　　ハザード，事故の想定とリスクの大きさ：
　　　　　ハザードの頻度…Ⅰ. 発生し得る
　　　　　　　　　　　　　Ⅱ. 発生したことがある
　　　　　　　　　　　　　Ⅲ. 頻繁に発生する
　　　　　ハザードの程度…Ⅰ. 深刻でない
　　　　　　　　　　　　　Ⅱ. 深刻である
　　　　　　　　　　　　　Ⅲ. 大変に深刻である

ハザードの内容	頻度	程度
タンク内の油移送後，タンクマンホール開放時の残油漏洩	II	I
タンクマンホール開放後の火災・爆発事故	I	III
タンクマンホール開放後のタンクへの誤送油	I	II
タンク内部点検・掃除時の酸欠・ガス中毒事故	II	III
タンク内部点検・掃除時の残油・スラッジによる滑り，転倒	III	II
タンク内部点検・掃除時の高温多湿による疲労，熱中症	III	II

新たな措置（リスクの低減）：

　タンクのマンホール開放時，タンクの上部からの測深

　タンクのマンホール開放後，周辺での火気工事中止

　タンク内部の点検・掃除中もタンクへの換気の継続

　作業員 1 名増員による作業時間短縮

3.3　機関室の安全対策

　機関室のトラブルは，乗組員の人為的な要因（ヒューマンファクター）が原因で発生するものと，機器の設計上の問題や材質の欠陥，燃料の性状不良といった乗組員が予防することが難しい原因で発生するものに大きく分けられます。

　前者の人為的な要因によって生じるトラブルは，操作ミス，連絡ミス，作業ミス，保護具の未着用，事故の兆候の見落としのようなヒューマンエラーや，保守点検計画の不備，不具合の放置，不安全な作業環境といった業務システムの不備によるトラブルです。前出の機関事故原因別の割合の統計（図表 3.4 参照）では，人為的な要因のトラブルは機関事故全体の約 6 割を占めますが，その予防は個人への注意喚起だけでなく，業務システム，業務環境などのソフ

ト，ハード両面から考える必要があります。

　一方，後者のトラブルは，開発直後の新型機関においての初期トラブルや補油した燃料油の性状不良による機関トラブルなどで，機関長としてはこのようなトラブルは完全に避けることができません。よって，そのようなトラブルは発生を想定し，その影響をミニマイズするように準備しておくことが大切です。たとえば，新型のエンジンで不具合の対策が完全に実施できていない場合は，通常，トラブル発生に備えて復旧に必要な予備部品をあらかじめ船上で保有する，交換部品を多めに保有するなどの対応を行います。

3.3.1　人為的な要因による事故を防ぐ対策

(1) ヒューマンエラーを防ぐ

　機関室は，高い室温，騒音，オイルミストの飛散，高温配管，高電圧電路，高速回転機器，重量物の移動など，ヒューマンエラーによる事故が発生しやすい職場環境にあります。また，緊急事態や重大事故発生時のように，対応時間が制限されたなかで判断を強いられるとともに，臨機応変な対応を迫られる場面もあり，ミスがミスを呼ぶ負の連鎖に陥りやすいことも多々あります。

　ヒューマンエラーを防止する対策としては，従来から指差し呼称や作業のマニュアル化，操作スイッチ・ボタンの色分け，声に加えて笛や手振りでの意思伝達など，さまざまな手法が取られてきました。それでも「人間はエラーを犯してしまうもの」であり，ヒューマンエラーをゼロにすることはできません。近年は，チームの力を有効に活用してヒューマンエラーを防ぐことが重要視され，後述する ERM（Engine-room Resource Management）が注目されています。

　　＜指差し呼称の効果＞
　　　平成6年（公財）鉄道総合技術研究所が行った「指差し呼称」の効果検定実験結果によると，何もしない場合に比べて，指差し呼称を行うと押し誤りの確立が6分の1に減ると言われている。

押し誤りの発生率	
何もしない場合	2.38 %
呼称だけした場合	1.00 %
指差しだけした場合	0.75 %
指差し呼称をした場合	0.38 %

(2) エラーを事故にしないシステム

通常，機械は人間がミスをすることを前提にして，エラーを事故にしないシステム設計が行われていますが，船舶の機関プラントにおいてもさまざまな安全保護機能／安全保護装置が備えられています。安全保護機能／安全保護装置

1. EMERGENCY STOP DEVICE(1)

ITEM	NO.	NORMAL RANGE	OPERATION	
			ON	OFF
MAIN ENG.				
MAIN BEAR. L.O. IN. LP	1	0.18~0.25MPa (※)	0.14±0.01MPa (ENGINE SIDE)	
OVER SPEED	1	−	99rpm	
T/C L.O. IN LP	1	0.15~0.24MPa (※)	0.11±0.01MPa (ENGINE SIDE)	
GEN. ENG.				
OVER SPEED	3	abt. 900rpm	(112~115%) 1008~1035rpm	
L.O. IN. LP	3	0.40~0.45MPa	0.40±0.01MPa	
COOL.F.W. OUT. HT	3	55~90℃	100±2.0℃	

図表3.12　Automation Particulars，Emergency Stop Device のサンプル（一部）
この一覧表で，主機と発電機原動機の危急停止項目と作動条件が確認できる。

やその作動条件などは，完成図書にある機関部仕様書の Automation in Engine Room や海上公試記録の Automation Particulars などで確認することができます。

　船舶機関士は，機関プラントにどのような安全保護機能／安全保護装置があるのか理解しておくとともに，それらの機能／装置が決められた条件，設定値で正常に作動するのかを定期的に確認しておくことが大切です。機関室の大事故は，往々にしてヒューマンエラーに加えて，安全保護装置が正常に機能しなかったために起こることが多いものです。

(3) 職場環境の改善

　海陸を問わず，安全な職場を実現するための基本中の基本は 3S（整理，整頓，掃除）です。3S を徹底することは，発生したトラブルを早期に発見することにも役立ちますし，作業効率や働く人のモラル向上の面でもメリットがあり

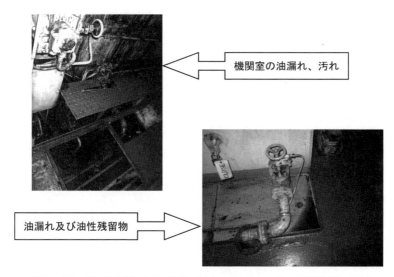

機関室の油漏れ、汚れ

油漏れ及び油性残留物

図表 3.13　発電機原動機の油汚れ（左），タンクコーミングの油溜り（右）
（出典：日本海事協会「Port State Control 年次報告書」2017 年）

ます。

　外部の安全監査やポートステートコントロール（PSC）でも，船舶の安全管理の良し悪しを評価するポイントとして，機関室の見た目の印象は重要視されています。たとえば，主機や補機，機関室底部の油漏れ，油汚れは PSC における船舶拘留の主要な欠陥になっています（前述）。「整備作業終了後は，作業現場を整備作業前よりもきれいにすること」は，昔から機関室でよく言われている至言です。

　また，機関室内の照明や換気は適切か，高温／低温部の防熱は十分か，通路の突起物に安全対策がなされているかなど，機関長は職場環境の改善に常に気を付ける必要があります。

（4）業務手順の標準化

　人為的な要因による事故を防ぐ方法のひとつとして，作業手順を手順書として記述し，それに従って作業を行う，いわゆる，業務の標準化が安全管理システムのなかで行われています。また，業務を行う上で抜け落ちや順番間違いがないようにチェックリストを作成し，消し込みを行うことによって作業ミスを防止します。こういった業務のマニュアル化は，作業手順に実施すべき理由が付記されていたり，また改訂時にその改訂理由が記述されているマニュアルにすると，知識や経験の伝承の面でも有効です。

　しかし，チェックリストの数が増え，作業の意味や理由を理解しないで使用すると，チェックリストによる確認自体が形骸化する傾向になりがちで，注意が必要です。また，ベテラン乗組員にはマニュアルやチェックリストに従った作業を嫌う傾向もあり，彼らのモチベーションを維持しつつ，どのようにルールを守らせるのか，機関長としては工夫が必要でしょう。

（5）危険の予知

　多くの職場では作業前のミーティングにおいて，これから行う作業にどのような危険があるか列挙し，とくに注意すべき危険を作業員全員で確認し，危険

に対する感受性を高める，いわゆる，KY（危険予知）活動が行われています。KY活動は労働災害の主な原因である不安全行動を防止する対策ですが，経験の浅い若手に対しての安全教育という面でも，保護具の着用を確実なものにするためにも有効です。

しかし，日々，似たような作業を繰り返している現場では，マンネリ化していることも多いようです。KY活動を有効なものにするためには，自分も事故の当事者になるかもしれないという自覚を全員が持てるかどうかがポイントです。

近年は，災害を疑似体感させて災害の恐ろしさや保護具の大切さを気付かせる危険体感型の研修も盛んに行われています。

＜ヒューマンエラーによる人身事故事例＞

ばら積み船I号において，機関室Mゼロ運転中の深夜に，1号燃料清浄機の異常流出による燃料スラッジタンクのハイレベル警報が発生した。Mゼロ当番機関士が機関室に行き，1号燃料清浄機の手動ブローを行ったが正常運転には戻らず，清浄機を停止した。その後，待機している2号燃料清浄機を運転することにしたが，2号燃料清浄機は通常，A重油の清浄に使用していたので，比重板を交換する必要があった。比重板交換のために2号燃料清浄機のカバーをチェーンブロックで吊り上げたところ，カバーが回転していた回転体に接触して跳ね，作業に従事していたOILERを負傷させた。2号燃料清浄機が起動され運転状態にあった理由は不明である。また，2号燃料清浄機の運転表示灯は起動時，時々点灯しないことがあったが，その事実を担当機関士以外は知らなかった。

機器の開放整備を行う前には機器の電源ブレーカを切り，電源を間違って入れないような対策を行うこと，加えて完全に停止していることを確認することは作業の基本中の基本です。この事例は深夜に限られた人数で作業を開始したものと思われますが，機関長の了承の上での作業だったのか，もう少し落ち着

いて手順を確認して作業ができなかったのか，朝になってから対応するという選択はなかったのか，夜間の機関警報の対応についてどのような指示が出されていたのかなど，再発防止策を考えるポイントは色々ありそうです。

＜整備作業中のヒューマンエラーによる機関事故事例＞

　自動車運搬船 J 号において停泊中に中間軸受の海水冷却部の保護亜鉛の取り換え作業を行っていたが，OILER が No.1 軸受潤滑油室側カバーを海水側カバーと間違えて開放したために，潤滑油室内の潤滑油の多くが流出した。OILER は No.2 軸受で同様の作業を行っていた一等機関士にこの作業ミスを報告し，一等機関士も No.1 軸受の潤滑油量が不足しているのを確認していた。しかし，その後，一等機関士は船用品積み込みなど他の作業をしている間に，潤滑油の補給を忘れてしまい，出港後に主機を増速した際に，潤滑油不足による中間軸受の焼損事故が発生した。

　この事故の直接的な原因は，中間軸受への潤滑油の補給を忘れてしまい，潤滑油不足のまま機関を運転したことですが，さまざまな事故要因を考えて事故の再発を防止する必要があります。

図表 3.14　中間軸受
(出典：日本船舶機関士協会 HP)

- 中間軸受の海水冷却部の保護亜鉛カバーと潤滑油室側カバーには，間違いを防止するマーキングや色分けが必要ではないか。
- 出港時に行う主機試運転では，停泊中に実施した全作業の最終的な良否の確認をすべきだったのではないか，そうすれば潤滑油の補給忘れを気付けたはず。
- 作業管理者の作業前の指示や作業後の確認が不十分だったのではないか。

＜ヒューマンエラーによるブラックアウト発生の事例＞

　コンテナ船 K 号において航海中，タービン発電機コンデンサ冷却水の未通水によってコンデンサの排圧が上昇し，安全保護装置が作動してタービン発電機が危急停止して船内電源が喪失した。直ちに予備のディーゼル発電機が自動起動し船内電源を供給したので，機関部全員で復旧作業を行い，船舶の運航に大きな支障はでなかった。

　原因はタービン発電機のコンデンサ冷却水船外弁とバラストラインのエダクター船外弁が機関室下段に隣接して設置されていたために，甲板手がエダクター船外弁とコンデンサ冷却水船外弁を間違って閉弁操作したことであった。

　バルブの操作ミスは気を付けていても起こるものです。そのようなヒューマンエラーをできるだけ防止するために，通常，以下のような方策が取られています。

- 操作ミスが重大なトラブルに繋がる重要なバルブは，バルブハンドルを固縛，施錠する。そして，操作に責任者の許可を必要とする。
- 間違いやすいバルブには，注意喚起のためのプレート取り付けやマーキングを行う。
- バルブの操作を行える者を決める。

3.3.2 事故の原因究明と再発防止

(1) 事故の原因と背後要因

　事故原因を究明する場合，その事故を起こした直接的な原因は究明が比較的容易ですが，その背後にある要因や根本原因を追究しなければ事故の再発防止策は完全ではありません。

　たとえば，業務経験の少ない若い機関士がバルブの誤操作で機械を損傷する事故を起こしたとき，バルブを誤操作したという直接原因だけではなく，機械の安全保護装置や作業手順書に問題はなかったのか，管理者による作業前の指示や確認は適切だったのかなど，安全管理システムが有効であったかという視点で事故の間接原因や背後要因を深堀りする必要があります。つまり，事故を個人のミスで終わらせることなく，組織やシステムの問題ととらえることが，有効な再発防止策を立てる上で重要です。

＜背後要因への対策が必要な入渠中の機関事故の事例＞

　コンテナ船 L 号が○○造船所に入渠中であったが，乗組員による補助ボイラ昇圧作業中にボイラ水位の確認不良で空焚きが発生し，ボイラが全損する事故が起きた。この事故の経緯は以下のとおり。

- L 号は○○造船所に入渠し，2 週間の予定で検査，保守工事を行っていた。補助ボイラの担当機関士は入社 2 年目の三等機関士であり，機関長は三等機関士にボイラの取扱説明書を参考にして昇圧作業要領を準備するように指示していた。

- 補助ボイラ昇圧作業当日，朝の作業ミーティングにおいて，機関部全員で昇圧作業の予定と配員について打ち合わせ，三等機関士は現場作業担当になった。午後，補助ボイラに約 18 トンの漲水を行い，水位は機側，遠隔水面計ともに正常であった。ボイラの缶肌弁の開閉状態，ボイラの水位については，機関長，一等機関士も確認した。

- 夜，機関部全員が配置につき，補助ボイラのバーナーに点火し，昇圧作業を開始した。その後，5 分間点火，20 分間消火を繰り返し，

缶圧が $1.2\,\text{kg/cm}^2$ になったときに，作業に異常がないので配員を減らした。機関制御室に機関長，補助ボイラ機側に三等機関士と操機手が残って作業を継続した。

- 缶圧が $3\,\text{kg/cm}^2$ まで上昇した頃に，Aux. Boiler Drum Water High Level（$+450\,\text{mm}$）のアラームが発生した。機関長は三等機関士から，ボイラ水位が上昇し機側水面計で水位が見えなくなった（$+500\,\text{mm}$ 以上）との報告を受け，ボイラ水の排水を指示した。排水はボットムブローで行われた。

- ボットムブロー作業中，三等機関士は現場水面計のレベルの低下が通常より遅いと感じた。その後，Aux. Boiler Drum Water High Level のアラームが正常に復帰したので，ボイラ水の排水を止めた。そのときの機側水面計は $-230\,\text{mm}$，遠隔の水面計は $+500\,\text{mm}$ で，両水位表示に差があった。事故後の調査で判明したことであるが，三等機関士が機側の水面計の上部元弁（V14）を誤操作し閉弁したこと，また遠隔の水面計の検出ラインが缶の泥で詰まり気味であったことが原因であった。

- その後，機側，遠隔ともにボイラ水の水位が正常に把握できないまま，機側水面計の水位の不安定な変化に，ボイラ水の補水，排水の対応を行いながら，点火，消火を繰り返して昇圧作業を継続した。また，このとき，二重に装備されている Aux. Boiler Drum Water Low Level による危急停止の安全装置は，V14 弁の閉弁と遠隔指示ラインの閉塞によって，2つとも正常に機能しない状態にあった。

- 缶圧が $4\,\text{kg/cm}^2$ に達したので，昇圧作業を終了しようとしたとき，異音が発生し，空焚きによる水管，管板，ケーシングなどの損傷が発生した。このとき，ボイラ内部には1トン未満のボイラ水しかなかった。

この事故の直接的な原因は，①機側水面計の上部元弁（V14）を誤って閉弁

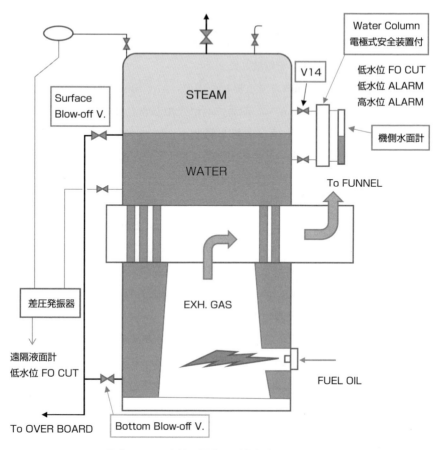

図表 3.15　事故の発生した補助ボイラの説明図

したために，機側水面計でボイラ実水位が正確に把握できない状態になった
こと，また水位低下時に燃料を危急遮断する安全装置も機能しなかったこと，
②機側水面計のレベル不安定や遠隔水面計表示との違いから実水位が確認でき
ていないと気付き，ボイラ昇圧作業を中断すべきであったが継続したことで
ある。

　しかし，事故原因を深く調査すると以下のような背後要因が存在し，再発防

止策を考える上で，安全管理システムの改善が必要であると判明した。

- 機関長が，三等機関士の作業に対する経験や技量が十分ではなかったにもかかわらず現場作業を任せ，作業指示や指導も不十分であった。また，作業中に2人の間で適切なコミュニケーションが取られていなかった。
- L号にとっては就航後，初めての入渠工事であり過去のボイラ昇圧作業要領はなかった。さらに，ボイラの取扱説明書に昇圧作業の技術的な説明は記載されておらず，三等機関士が具体的な作業要領を作成することは容易ではなかった。
- L号は航海中，常時，300本以上の冷凍コンテナを積載していたので，その点検，修理のために，電気士を増員していた。しかし，電気士の経験が不足していた上に，日々，冷凍コンテナのトラブルも多く，機関長や一等機関士の業務量は増加し，三等機関士の教育，指導を十分に行う余裕がなかった。また，そのような船内状況に対して陸上の管理部門からの支援も十分ではなかった。

　通常，入渠期間中は短期間に工事が集中し，その工事準備や監視・確認作業で機関長をはじめ船舶機関士は体力的にも心理的にも負担が大きくなり，事故が起こりやすい状況にあります。この事故事例は，機関事故が直接的な原因だけではなく，その背後にある要因にも影響を受けて発生し，再発防止には背後要因を改善する対策が必要であることを示しています。

（2）現実的で効果的な対策

　事故の再発防止策はハード，ソフトの両面から検討することが必要ですが，現実的で効果的な対策を考えることが重要です。

　ハードの対策にはコストがかかることも多く，対策コストと対策効果の評価を行い，実施を検討すべきです。また，対策を実施する当事者である乗組員や陸上の関係者が納得できる対策でなければ，有効な対策とは言えません。この

ように，再発防止策を立てるときには実効性，継続性のある対策であるかどうかがポイントです。

3.3.3 安全な職場づくり

（1）機関長の役割

　安全管理システムが構築されていても，現場で働く乗組員の安全意識が低く，安全な職場づくりに協力的でなければシステムはうまく機能しません。また，陸上の船舶管理者や経営者が現場の安全活動を強力にサポートすることもシステムを有効にするポイントです。

　機関部安全管理の責任者である機関長は，職場の安全を向上させる活動を活発に行い，その活動に機関部チーム全員を積極的に参画させる責任があります。チーム全員が安全に対する高い意識を持ち，より一層安全な職場の実現のために，自ら考えて，日常的に改善活動を行うのが，目指すべき現場力の強い組織です。

　それでは，どうすれば機関部チーム員をその気にさせることができるのでしょうか。難しい課題ですが，以下のような工夫を行うとともに，船長や陸上の船舶管理者とも協力して活動を進める必要があるのではないでしょうか。

- 自分も事故を起こす当事者になるという気付きを与える。
- 事故を起こしたときの影響を具体的に教える。
- 他船で起こった身近なトラブルを教える。
- 危険を体感させる。
- 職場の安全レベルを見える化し，日々の安全活動でレベルアップしていることを示す。
- 現場の声をすぐに改善につなげる。
- 現場の安全の向上に貢献した人を称賛，表彰する。

（2）作業前ミーティング（Tool Box Meeting）

　毎朝，作業前に実施される作業前ミーティングは，各自の役割や伝達事項を確認し作業をスムーズに行うという目的だけではなく，安全管理の面でも重要なミーティングです。機関長は作業前ミーティングが形骸化していないか，有効に機能しているか注意するとともに，機関部チーム員の教育，指導の場として有効に活用すべきです。

　作業前ミーティングでは，その日の作業計画書（Daily Job Order）を準備して，チーム全員で以下のような事項の伝達や確認，情報共有を行います。

- チーム員の体調の確認
- 自船のスケジュールの確認と関連情報の共有
- その日の作業予定と作業責任者，配員の確認
- 実施予定作業の準備状況の確認
- 当直航海士や甲板部などへの連絡の必要性の確認
- 作業に当たって装着すべき保護具や安全上の注意点の確認
- 作業中や作業後に管理者に報告すべき事項の指示
- 火気工事や閉鎖区域内での作業の有無と必要な手続きの確認

図表 3.16　機関制御室での作業前のミーティング

Daily Job Order (Engine) <Rev: 2009-03-31 >

Ship's Name: M.V. ○○○ **Voy.No.** 302E **Date**

No.		RA Reqd	JHA (Y / N)	Special Instructions by Dept. Head	PIC	Workers	Safety Equipment	Tools
1	REEFER CHECK & DAILY ROUTINE WORKS.	NO	NO		EE	EE	PPE at all times	AS REQUIRED
2	CLEAN M/E L.O. BACKWASH ELEMENT FILTER.	YES	NO		1E	OB,ERIC	PPE at all times	AS REQUIRED
3	CLEAN M/E F.O. 2ND BACKWASH FILTER.	YES	NO		2E	2E,OA	PPE at all times	AS REQUIRED
4	UP-DATE END OF THE MONTH REPORTS, PAPER WORKS.	NO	NO		1E	1E,2E,3E	PPE at all times	AS REQUIRED
5	CLEAN & RECONDITION M/E F.O. VALVE.	NO	NO		1E	FTR,ERIC	PPE at all times	AS REQUIRED
6	CLEAN M/E SCAV. DRAIN TK.	NO	NO		1E	OA,OB,ERIC	PPE at all times	AS REQUIRED

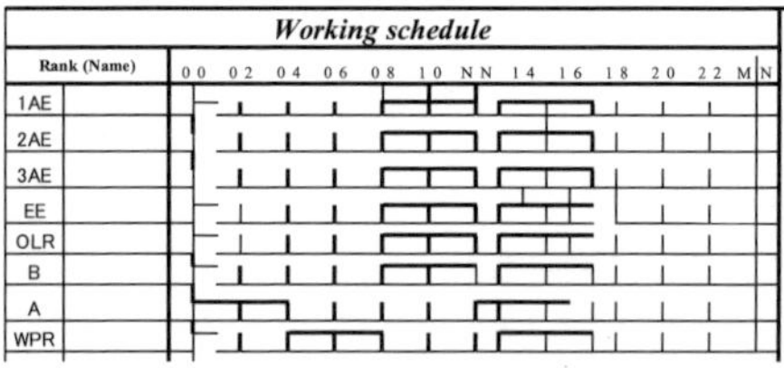

Safety Equipment : ED/Ear Diffender(Muff, Plugs), SB/Safety Belt, EP/Eye Protection, LG/L OI/Oxygen Indicator, GI/Gas Indicator, GW/Gas Watch, SR/Safety Rope, BA/Breathing Apparatus, FI Exting

Special Instructions: "ground electrically", "hot work permit", "release pressure", "get port job", "isolate machinery", "mark-off job item", Mooring operations etc.)

"Job Over" column involves checks on completion for : fire safety, water-tightness, securing of pipelines, settings of starter panel, resetting of isolated fire sensors, cancellation of hot-work & entry

Tools : CH/Chipping Hammer, SM/Scaling Machine, JC/Jet Chisel, SG/Sanding Grinder, WG/Wire Chaire, TW/Torque Wrenche, CB/Chain Block, AT/Anti-explosion Tool, IW/Impact wrench,

JHA : For routine jobs, explain hazards as per JHA and if No "JHA" is available, either JHA should instructions should be given by dept head. **RA:** For all non routine jobs RA is required.

図表 3.17　作業計画書（Daily Job Order）のサンプル（一部）

また，作業のリスクアセスメントを実施した場合は，その結果を周知する機会として作業前ミーティングを利用するのがよいでしょう。

(3) 安全衛生会議（Safety and Sanitary Meeting）

船内安全衛生会議は乗組員全員が参加して毎月開催されます。その同じ日に，多くの船舶ではさまざまな操練や緊急時対応訓練も実施されているようです。

会議の目的は，乗組員の安全衛生に対する知識や意識を高めること，自船で安全衛生上，とくに注意すべきことを確認することです。機関長も安全管理活動の一環として，このミーティングを積極的に活用する必要があり，過去の事故事例や模範となる安全活動を紹介するなどして，機関部のみならず乗組員全員の安全衛生意識の向上を図りたいものです。

（4）ヒヤリ・ハット，不安全行動，不安全状態の改善

　労働災害の経験則として，ひとつの重大災害の後ろには 29 件の軽微な事故があり，その背景には 300 件のヒヤリ・ハットが存在すると言われています（ハインリッヒの法則）。経験豊富な船舶機関士は，「危なかったなあ。もう少しのところで事故や災害を免れた」というような経験を何度もしているものです。よって，ヒヤリ・ハットの経験をそのままにしないで改善し，危険の芽を摘むことによって重大な災害を防止するという安全対策は多くの職場で実施されています。

　さらに，300 件のヒヤリ・ハットの背後には幾千件もの不安全行動，不安全状態があると考え，不安全行動，不安全状態にまで改善活動の対象を拡げている職場もあります。これは，重大事故に至らないように，前兆や要因などを初期段階で排除することを目的にした活動です。

- 不安全行動

　　決められた保護具を装着していない，片手に物を持って垂直梯子を上っているなど，安全上問題のある行動

図表 3.18　ハインリッヒの法則

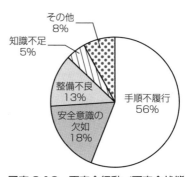

図表 3.19　不安全行動／不安全状態
（ニアミス）の要因
（日本郵船株式会社ホームページ
（CSR）のデータを基に作成）

- 不安全状態

  通路の床に油が落ちている，狭い通路の横に突起物があるなど，安全上問題のある状態

　いずれにせよ，このような改善活動は，その職場で働く人達の安全意識を高めて，やる気にさせることが活動のポイントになります。

　不安全行動／不安全状態の要因の過半数は，決められた保護具の未装着，決められた作業手順のショートカット，安全意識の欠如などです。報告された不安全行動／不安全状態をひとつひとつ地道に改善を行えば，それだけ職場の安全性が向上したと言えるのです。

3.4　重大災害の回避

3.4.1　重大な機関事故とは

　船舶機関士が避けなければいけない重大災害は，重篤な人身事故と事故による船舶の運航や環境に対する影響度の大きいトラブルです。具体的には以下のような事故です。

- 死亡事故などの重篤な人身事故

  機関室には回転機器，高圧電路，高圧・高温配管など，不注意によって人身事故を起こしやすい要因が多く存在しています。また，狭い機関室でディーゼル主機のシリンダカバーや排気弁，ピストンのように，重量物を移動する作業にも人身事故の危険が沢山あります。一般的には機器の修理や保守点検作業時に人身事故が発生しやすいと言えます。

- 海洋汚染事故

  燃料油や潤滑油の補油作業，機関室ビルジや廃油の処理作業には，バルブの誤操作や連絡ミスのようなヒューマンエラーによって海洋汚染を起こす可能性があります。それらの作業は決められた手順やルールに基

づいて作業を実施し，油記録簿（Oil Record Book）に適切に記録することが求められています。

- 機関室火災，爆発事故

　　機関室内にはさまざまな可燃性物質や着火源が存在するために火災や爆発事故のリスクが少なくありませんが，一旦，火災が発生し延焼すると人身事故や船内電源喪失，操船不能，船体放棄のような重大事態に至る可能性が大きいという特徴があります。

- 大規模な機関室浸水事故

　　機関室浸水は海水配管／機器の破孔，損耗などの経年劣化だけが原因ではなく，保守作業時のバルブの誤操作のようなヒューマンエラーによって引き起こされることもあります。

- 操船不能に至る機関事故

　　主機や推進軸系の大きな事故（たとえば，主機過給機の損傷事故，船尾管や中間軸の軸受焼損事故など）や船内電源が完全喪失する事故は，船の堪航性を失わせる重大な事態を起こすことになります。また，主機の操縦不能トラブルが出入港作業中や狭水道通過中に発生した場合は，船舶の衝突や座洲・座礁のリスクを避けるために，迅速な対応が必要になります。

- 貨物の損失につながる機関事故

　　たとえば，電気系統のトラブルで船内電源が長時間喪失した場合は，冷凍／冷蔵貨物の損失に至る重大事故につながります。

＜ブラックアウトの原因＞

　　船内電源喪失トラブル（Black Out）の原因はさまざまですが，港湾内航行中や狭水道航行中に発生したときには，船舶の衝突，座礁のリスクが高まりますので，迅速な機関プラントの復旧が必要になります。ある船社の統計では，ブラックアウトは図表 3.20 のような原因や船舶の運航状況で発生しています。

　ブラックアウトの50％近くは発電機原動機の燃料油系統のトラブルによって発生していることがわかります。燃料油のストレーナの閉塞や燃料油ラインの危急遮断弁の誤作動は，そのようなトラブルの典型的な原因です。また，配電盤や分電盤，始動器盤内部の機器や配線の焼損などが原因で発生する場合もありますが，焼損範囲が拡がると通常運転への復旧が難しくなります。

　港湾内航行中のようなManeuvering状態でのブラックアウトも10％発生しており，迅速な対応を行うために訓練が必要であることが確認できます。

	Maneuvering	Oceangoing	In Port	Total
HFO System of D/Gen.	5%	20%	0%	25%
MDO System of D/Gen.	5%	10%	5%	20%
Diesel Gen. Engine	0%	5%	10%	15%
Shaft Gen.	0%	10%	0%	10%
Electric System	0%	20%	0%	20%
Others	0%	5%	5%	10%
Total	10%	70%	20%	100%

図表 3.20　ブラックアウト発生の原因と船舶の状況

＜主機運転不能から座礁，沈没に至った海難事故の事例＞

　1993年1月，Oil Tanker MV. BRAER は，8万5000トンの原油を積載してノルウェーからカナダに向けて暴風と異常な大波のなか，航行していた。この大しけの海を航行中，機関室では船体動揺と水位制御の不調で補助ボイラの安全保護装置が作動し，蒸気圧が低下するトラブルが発生した。当直機関士は補助ボイラと主機の燃料を Heavy Fuel Oil（HFO）から，Marine Diesel Oil（MDO）に換え，水位制御装置の修理を

実施し，修理後，補助ボイラの運転を再開しようとしたが，燃料の燃焼
ができなくなった。発電機原動機の燃料は通常どおり MDO であった。

　実はこのとき，甲板上に打ち上げる大波と船体の動揺で，上甲板に
固縛されていた予備のパイプが同じ甲板上にあった MDO タンクの Air
Vent を損傷させ，そこから MDO タンクに海水が侵入していた。燃料に
海水が混入していることに気付いた乗組員が燃料タンクに入っている海
水除去に努めたが，Scotland の Shetland 諸島沖 10 マイルで主機が運転
不能に陥り，その後間もなく，発電機原動機も停止し船内電源が完全に
喪失した。操船不能になったタンカーは強風と海流に流されて，座礁，
沈没，原油流出という重大な海難事故に至った。

図表 3.21　座礁した Oil Tanker MV. Braer
（出典：MAIB（Marine Accident Investigation Branch）
Accident Investigation Report：Braer）

　重大災害はこの海難事例のように，不具合が重なって発生することが多いも
のです。もし，補助ボイラが正常に運転できておれば，通常どおり主機を HFO
で運転することができるので MDO の消費量は少なく，海水の混入した燃料が

発電機原動機を停止するまでに異常に気付き，対処する時間が取れたかもしれません。

3.4.2　重大な機関事故の回避と準備

(1) 安全保護機能，バックアップ機能の確認

　通常，機関プラントの主要な機器には，不具合が発生した場合に重大な故障に至るのを回避するための安全保護機能が備わっています。たとえば，主機の軸受潤滑油の圧力が低下したときやジャケット冷却水の温度が上昇したときには，機関の損傷を回避するために主機を危急停止する安全保護機能が装備されています。

　また，運転中の発電機が何らかの原因で異常停止した場合に，予備の発電機や非常用の発電機が自動的にバックアップして，船内電源が完全に喪失するのを回避するようなバックアップ機能もあります。

　よって，重大な機関事故を予防するためには，機関プラントにどのような安全保護機能やバックアップ機能があるのかをよく理解しておくことが大切です（前述）。そして，それらすべての機能が正常に作動することを定期的に確認し，記録に残しておかなければいけません。通常，船内で行った安全保護機能・装置の作動試験の記録は，船級の年次検査時に提出が要求されます。

(2) 緊急時対応の準備，訓練

　機関トラブルが発生しても，迅速な対応によって船舶が重大な事態に陥らないようにすることは，リスク管理の面から大切です。迅速な対応はさまざまなトラブル発生を想定して，常日頃から対応訓練を行っておくことで可能になります。想定されるトラブルと対応訓練は以下のようなものです。

- 電源喪失時の機関プラントの完全復旧（6か月毎）（非常用発電機が正常に運転できるのか確認を含む）
- 主機が遠隔操縦不能になったときの機側での操縦（毎月）

図表 3.22　非常用発電機

- 主機の 1 シリンダだけに不具合が発生したときの 1 シリンダカット運転（3 か月毎）
- 複数の過給機を持つ主機で 1 台の過給機が損傷したときの 1 過給機カット運転（模擬訓練）
- 機関室が大量の海水で浸水し始めたときの緊急ビルジ排出（模擬訓練）
- 機関室の火災発生時の消火活動（後述）（毎月）

＜ Black Out Recovery Test 手順のサンプル＞

　船内電源喪失トラブルに対するリカバリー機能の確認テスト（Black Out Recovery Test）は，機能の正常確認，対応習熟のために定期的に実施する必要があります。このテストの実施は，一時的に船内電源が喪失しさまざまな機器の運転に影響がでますので，船長と打ち合わせてテスト海域を選び，陸上の船舶管理者に通知するとともに，事前の準備や人員配置が必要です。

1. Preparation
   1.1 One day before the blackout test
      A）Carry out the trip test for the D/G, which will be tripped during the blackout recovery test, and confirm the good working condition of the trip.
      B）Hold pre-meeting for the blackout recovery test.
      C）Check general and radio equipment batteries and battery lights.
   1.2 On the day of the test
      A）Carry out test running of ST-BY D/G.
      B）Carry out test running of emergency generator.
      C）Stop all purifiers.
      D）Stop FWG.
      E）Change fuel oil of running D/G from FO to DO.
      F）Stop elevator at second deck and inform crew by announcement on PA system.
      G）Shut down all the computers on board.
      H）Shut down No. 2 ECDIS and No. 2 radar.
      I）Stop accommodation air conditioner.

2. Schedule
   A）Charge air to both air reservoirs.
   B）Reduce M/E revolution and set to "Dead slow ahead."
   C）Running D/G is tripped by LO low pressure.
   D）Blackout is carried out by tripping the running D/G on LO low pressure (start measuring time).
   E）Confirm that emergency lights have been switched on.
   F）Confirm that first and second standby D/G and emergency generator starts automatically.
   G）Confirm that ACB of first ST-BY D/G closes automatically and vessel recovers from blackout.
   H）Confirm that auxiliary machines start automatically on sequential system.
   I）Reset and restart aux. boiler manually.
   J）Reset and restart M/E. (Set the M/E handle to stop position in the telegraph.)

K）Stop emergency generator.

L）Restart machines/equipment that do not start automatically.

　　　*Refer to the attached sequential start list and manual start list.

3. Stations and Roles

A）C/E ECR

B）1/E ECR

C）2/E E/R No.1 D/G to be tripped, roving in E/R

D）3/E E/G room After recover from blackout, proceed to boiler side

E）FTR 2nd Deck Roam about E/R

F）O/A 3rd Deck Assist 2/E, roam about E/R

G）O/C Lower floor Roam about E/R

H）O/B Boiler side Assist 3/E, roam about E/R

I）Officer on watch (OOW) W/H Check navigation equipment

3.4.3　機関室火災

　船舶の機関室火災は，船舶の損傷や航行不能に止まらず，人命や貨物の損失にまで至る場合があり，最も重大な災害のひとつであると言えます。

（1）機関室火災の特徴

　日本海事協会（NK）の統計（図表 3.23）によると，船舶の機関室火災の原因は可燃性油の漏洩，飛散による発火のケースが 50％強を占め，最も多いことがわかります。その他には，電気設備の劣化による漏電や火気作業中の可燃物への引火などが原因です。この統計は少し古いですが，現在でも機関室火災の主要な原因は変わらないと思われます。また，稀に機関室高温部で油ウエスの自然発火もあるようです。

　具体的な例で言えば，主機や発電機の高圧燃料が継手や配管の緩み，損傷によって漏洩，飛散し，過給機や排気管の高温部に触れて発火するケースですが，

これは典型的な機関室火災の原因です。

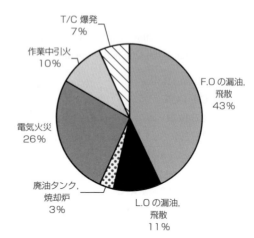

　船舶の機関室火災の特徴は，油火災が多いために大量の煙が発生して短時間のうちに機関室が煙で充満されてしまうこと，鉄板の床や壁で構成されているために伝熱が早いこと，また電線の延焼や漏電の発生を伴うことです。よって，火災発生箇所の特定やアクセスが難しく，また電源の喪失によって消火活動は困難になる場合が多いことも認識しておく必要があります。

図表 3.23　機関室火災発生原因
（出典：日本海事協会統計 1980 ～ 1992 年）

(2) 機関室の火災予防

　機関室火災の特徴から火災予防のポイントは以下のとおりです。

- 主機や発電機の高圧燃料の漏洩は早期に発見し，修復する。とくに，油配管に激しい振動がある場合は，まず，振動対策が必要である。
- 高温の排気管や蒸気管は裸管のままむき出しにしない。
- 油ウエスは蓋付きの不燃容器に入れて，高温にならない場所で保管する。
- 溶接などの火気作業を行う場合は，火気工事許可（Hot Work Permit）を作成して作業の安全を確認するとともに，必ず作業中の監視要員を配置する。
- 電気設備は専門家による定期的な点検を行う。
- 機関室の防火隔壁に取り付けられたドアは常時閉鎖する。
- 火災探知システムの機能が正常であることを定期的に確認する。

(a) FIRE STATION

(b) 燃料・潤滑油タンク出口弁
遠隔遮断空気槽

(c) CO₂消火装置制御盤

図表 3.24　消火設備

　機関室の火災を想定した対応訓練は船内で定期的（1回／月）に実施されていますが、同時に消火関連の機器、装置の作動点検を実施することも重要です。

- 主消火ポンプ、非常用消火ポンプの作動確認
- 機関室ファンダンパーや機関室開口部の遠隔閉鎖装置の作動確認
- 油タンク出口弁遮断装置の作動確認
- 持ち運び消火器の位置や状態の確認

(3) 機関室の火災消火

　火災が発生した場合には，できるだけ早期に発見することが重要で，そのために機関室には固定式火災探知機がルールに基づいて設置されています。しかし，機関室内の複雑な構造やファンの運転などによる空気の流れによって，煙式火災探知機による火災探知は遅れる場合が多いことを認識しておくことが必要です。

　早期に火災を発見できた場合は，消火器によって行う初期消火が最も効果的な消火手段です。現場近くにある持ち運び式消火器で直ちに初期消火を開始するとともに，火災報知器やトランシーバーなどで船内に火災の事実を通報することが重要です。初期消火のポイントは以下のようなことです。

- 泡消火器は電気火災には使用できない。
- 10 型粉末式消火器の放射時間は通常，約 15 秒と短い。
- できるだけ多くの消火員と消火器を集めることが有効である。

　2000 年，SOLAS II-2 章の改正によって，機関室火災の初期消火，火災の抑制を目的に，水噴霧による局所消火装置の設置が義務付けられました。設置場所は火災発生リスクの高い，主機や発電機原動機の上部，燃料油清浄機，ボイラや焼却炉のバーナー部ですが，噴霧されたウォーターミストが蒸発して燃焼部の温度を下げ，また発生した水蒸気が酸素濃度を下げるなどの複合作用で火災を消火，抑制するものです。局所消火装置は自動または手動で起動されますが，適切に使用できれば，初期消火がより迅速に行える可能性が増したと言えます。

　もし，初期消火に失敗した場合や，発見時にすでに持ち運び式消火器では対応できない状態であった場合は，直ちに船橋に連絡し，火災区画の囲い込みによる延焼防止，防火部署発令による船内全員での消火活動に移行します。この段階では，主に海水による消火作業と延焼を防止する局限作業を並行して進めます。このときのポイントは以下のようなことです。

- 耐熱服を着用して機関室に入るときは，できるだけ火災現場より下の位置にある入口から入る。
- 主機は船橋の指示によって停止する。
- 火災区画の電源を遮断する。
- 機関室開口部の閉鎖やファンの停止など，通風管制を行う。
- ただし，機関室内で消火活動中は，煙突ドアなど機関室の上部の開口部を開放し，必要であればファンを運転して，排煙，排熱を行う。
- 運転している発電機に使用している燃料タンク以外のタンクの燃料危急遮断弁を閉鎖する。
- 火災区画の周囲を外側から放水によって冷却する（Boundary cooling）。

　しかし，機関室火災では煙や熱のために機関室内での消火活動が困難となり，最終的には火災区域または機関室全体を密閉して固定式消火装置（炭酸ガス消火装置など）を使った消火方法（いわゆる密閉消火）が採用されることが少なくありません。密閉消火は炭酸ガス投入などで酸素欠乏によって消火するのですが，密閉区画が十分に冷却されるまでに新気が供給されるとブローバック（Blow Back）と呼ばれる爆発を起こすことがあります。炭酸ガス投入による消火活動のポイントは以下のようなことです。

- チェックリストに基づいて，機関室開口部を閉鎖し，機関室や火災区画を確実に密閉する。
- 機関室のすべての換気装置やボイラ，補機を停止する。
- 乗組員全員が船橋に集合し，機関室から全員が退避したことを確認する。
- 非常用消火ポンプで機関室や火災区画の外部から冷却散水は継続する。
- 炭酸ガスを投入後，機関室周囲の壁の温度から火災の状況を推測するとともに，最低 11 時間以上は密閉状態を継続する。

＜ディーゼル発電機原動機からの火災の事例＞

　コンテナ船 M 号で停泊中に機関室火災警報が発生した。乗組員が現

　場に急行して No.3 ディーゼル発電機原動機の排気管から発火している
のを確認した。直ちに，予備発電機を起動して No.3 発電機を停止する
とともに，船内に連絡して持ち運び式消火器による消火活動を行った。
幸い，発見が早く初期消火が迅速に行われたので消火に成功した。

　火災は，No.3 ディーゼル発電機原動機の No.2 シリンダの燃料弁冷却
油配管の破断によって冷却油（MDO）が飛散し，高温の排気管にかか
り発火したことが原因であった。

図表 3.25　焼損した発電機原動機の排気管側

　ディーゼル発電機原動機の燃料油や潤滑油の細い油管は，原動機の振動など
によって損傷しやすいので，損傷した場合を想定し油の飛散防止が必要です。
具体的には燃料ポンプ側カバーの常時取り付けや配管連結部への飛散防止テー
プ（FN テープ）の巻付けなどです。また，排気管など高温部は管表面をむき
出しにしないようにするなどの火災対策を徹底する必要があります。

3.5　機関事故の対応

3.5.1　事故発生時の対応手順

（1）トラブルの察知と初期対応

　機関プラントのトラブルは，機関モニタリングシステムでの異常警報発生や機関室見回り中などに察知することが多いものです。トラブルを察知した後の対応のポイントは以下のような点です。

- トラブルの内容をしっかり確認する。

　　モニタリングシステムで関連するデータの確認や機関室内の現場の状況を確認し，トラブルの内容，状況を把握する。
- トラブルに対しての対応とその緊急度の判断をする。

　　取りあえず行う初期対応は何か，自分で判断して対応してよいのか，一人で対応できるのか，対応は緊急を要するのかなどを判断する。
- 複数の異常警報発生に対しては，起因するトラブルと優先する対応を判断する。

　　トラブル発生時は，ひとつのトラブルがさまざまな機器の運転に影響し，警報モニタリング画面に複数の警報が発生することも多い。そのような場合は，起因となったトラブルは何か，優先的に対応すべきトラブルは何かを冷静に見極める必要がある。
- トラブル発生と対応を船内関係者に連絡する。

　　機関長や機関部内部への連絡は当然であるが，運航や貨物にかかわるトラブルについては，当直航海士や船長との密接な情報共有が欠かせない。

（2）暫定対策と恒久対策

　船舶では機関プラントのトラブル発生時，時間的な制約やトラブルの状況，修理方法などから，対応が暫定的なものになることがよくあります。入渠しな

ければ本修理ができないので取りあえず仮修理で対応する，損傷し交換すべき部品が今は船上にないので取りあえず損傷品を補修して使用する場合などです。

　そういった場合も，暫定対策で終わらせず，できるだけ早期に恒久対策を行うことが安全管理上，大切なことは言うまでもありません。また，暫定対策の記録は必ず残し，乗組員が交代後も後任者に引き継がれなければいけません。

　一方，恒久対策は単に故障前の状態へ復旧するだけではなく，トラブルの原因を特定し，その再発防止を考えた対策とすべきです。また，恒久対策実施後はその対策が有効であったのか，必ず検証が必要です。

（3）事故報告と船内の記録

　発生した機関プラントのトラブルは，その対応も含めて陸上の船舶管理者へも報告し，必要ならば部品の供給や陸上支援（専門家のアドバイス，サービスエンジニアの派遣など）の要請を行う必要があります。その場合，トラブルの深刻度の認識や対応の方針，評価が，船上管理者と陸上管理者の間で一致することが大切ですので，両者の密接なコミュニケーションが求められます。近年は通信技術の発達で，運転データや写真なども船上から送信が可能になっていますので，お互いの理解を深めるために大いに活用したいものです。

　また，トラブルの詳細な記録は，今後の機関プラント管理を行う上で重要な情報ですので，Trouble Report（前述）などに記録し，船内保管すべきものです。

3.5.2　船舶保険と機関事故

　船舶には運航中や入渠中のトラブルによるさまざまなコストリスクを軽減，移転するために，各種の船舶保険が付保されています。機関事故による修繕費などは船舶保険修繕費追加担保特約条項（乙）で保険金填補されます。機関プラントの管理をする上で，機関長は填補の条件や免責金額などについては確認

しておく必要があります。注意すべきポイントは以下のとおりです。

- 事故が自然衰耗に起因する場合は填補されない。事故原因に関しては船級協会の鑑定が必要になる。
- 航海中に発見された事故が対象で，開放整備・検査のときに発見した損傷は除外される。ただし，クランク軸，プロペラ軸などの長期耐用性部品の損傷は填補される。
- 事故原因が部材の潜在的欠陥や乗組員の過失による場合も填補される。
- 免責額は1回の事故毎に適用され，ディーゼル機関では1気筒1事故が原則である。

　また，機関損傷によって船舶が航行できなくなった場合は，不稼働による損失は船舶保険の船舶不稼働損失保険特別約款でカバーされますが，機関事故のなかでもプロペラ，シャフト（プロペラ軸，中間軸，クランク軸），ボイラ，排ガスエコノマイザなどの機器の重大トラブルは不稼働期間が長くなる傾向があり，とくに注意が必要です。

第4章

機関プラントの保守管理

　外航船舶の機器は高温，多湿，振動などの厳しい環境に設置されているばかりでなく，塩分を含んだ空気，硫黄分を含んだ燃焼ガス，海水などに晒され，汚損，腐食，浸食，衰耗などによって性能低下や部品の損傷が，陸上の一般的な機器に比較して発生しやすいと言えます。機関プラントの本来の性能，機能を維持するために，機器の保守整備を計画し実施することは，機関プラント管理の責任者である機関長の重要な職務です。また，保守整備作業は作業中に察知した異常を修理したり，不良部品を交換したりすることによって，機器の信頼性を向上させますので，機関プラントの安全運転を継続するという面でも大切です。

　通常，外航商船では限られた時間内，たとえば短い停泊中などに機器の保守整備を行わなければいけないため，効率よく作業を行うために事前の入念な準備が重要です。また，行った保守整備作業がうまく完了せずに手直しが生じてしまったときは，船舶の運航スケジュールに影響することもあり，作業をミスなく行うことも大切です。

　また，危険物積載船などでは停泊荷役中は，主機などの推進機器の整備が制限されますので，必要な整備作業の実施に当たってはいつどこで行うのか，陸上の船舶管理者と事前の打ち合わせが必要です。

　保守整備作業には業者の手配，部品の交換，消耗品の消費などによって必ずコストが発生します。とくに入渠工事は工事のボリュームや発生するコストが大きいので，入渠工事計画策定に当たっては陸上の船舶管理者と十分に打ち合わせる必要があります。機関長は，保守整備作業をできるだけ乗組員で行うこ

と（On Board Maintenance）が，入渠工事費用をミニマイズする上で有効であるとともに，乗組員の技術力を向上させるという側面もあることを認識すべきでしょう。

4.1　保守整備作業

4.1.1　保守整備計画

　船舶では通常，主要な整備作業や検査の予定を一覧にした保守整備スケジュールを作成し，陸上の船舶管理者も承認した上で，進捗状況を両者で確認し，保守管理を行っています。また，一航海毎にその航海期間中に行う保守整備作業を日常的なルーティン作業も含めて一覧にし，日々の保守作業計画のベースにしています。機関長は各機器の担当機関士が計画する一航海毎の作業計画の妥当性を確認し，承認する必要があります。

（1）時間基準保全（Time Based Maintenance）

　通常，船舶の機器の保守整備は，予防保全の考え方に基づいて一定時間使用したところで開放整備，部品交換を行って，故障を未然に防止する時間基準保全で行われます。保守整備のインターバルは，機器メーカーのガイドライン，船級協会の検査基準，過去の実績などに基づいて決められますが，機器の使用環境や使用条件は常に同じではないので，当初の整備インターバルを盲目的に継続することは合理的ではありません。機器の開放整備を行ったときは，部品の汚れや劣化具合などから現在の保守整備インターバルが妥当なのか評価し，必要であれば見直さなければいけません。

Component	Inspection or Overhaul interval[1] [hours]	Estimated lifetime [1), 2] [hours]
Exhaust valve spindle	Initial inspection: 18,000 Successive inspections: 36,000	108,000 [3]
Exhaust valve seat	Initial inspection: 18,000 Successive inspections: 36,000	72,000
Crank pin bearings	30,000 -36,000	72,000
Crosshead bearings	30,000 -36,000	90,000
Piston crown	18,000 – 20,000	Ring grooves: 18,000 - 36,000 Crown surface: 72,000
Piston rings	18,000 – 20,000	18,000 – 20,000
Starting air shut-off valve	30,000 – 36,000	Engine lifetime

（注）These figures are as of 2018 and are estimated life times which are based on WinGD experience and that may vary depend on operational condition.

図表 4.1　機関メーカーの点検保守インターバルのガイドラインのサンプル（一部）
（出典：Winterthur Gas & Diesel, Data & Specifications)

(2) 状態基準保全（Condition Based Maintenance）

　状態基準保全は機器の保守整備時期を時間基準ではなく，設備診断技術を使って機器を開放することなく整備が必要な機器を見つけ出し整備することです。よって，一般的には機器の開放整備の回数が減りますので，作業ミスによる故障の減少や経済的なメリットもあります。

　一方，船舶の機器の保守整備には運転状態を継続的に診断するより，一定の

運転時間で開放整備する方が合理的なものも多く，状態基準保全は一部の機器での適用に限定されているのが現状です。しかし，停泊中の Dead Ship 制限の拡大や機器の診断技術の進化によって，今後は徐々に状態基準の保全が増えていくものと考えられます。

　現在，船舶で行われている状態基準による保全は以下のような例があります。

- 回転機器やモーターの軸受の振動を計測し，機器軸受の取り換え時期を判断する。
- プロペラ軸／船尾管軸の 5 年毎の船級協会の開放検査において，軸受温度の監視，潤滑油消費量および潤滑油性状の分析によって，開放検査の時期が延長される。

4.1.2　保守整備作業の実施手順

　あらゆる作業において共通することですが，機関室内で保守整備作業を行うときには，事前の準備が作業を迅速，確実に実施するために極めて大切です。また，作業中の安全や工程の管理，作業後の試運転など，作業責任者は自船の状況も考慮した上で予定した時間内に適切，確実な作業を行う必要があります。

　ここでは，ディーゼル主機の予防保全によるピストン抽出，整備作業を例に，作業責任者や担当者が実施すべき手順のポイントを紹介します。

（1）事前準備
- 作業の手順を事前に機関メーカーのメンテナンスマニュアルで把握するとともに，作業中にも現場で適宜確認できるように準備しておく。
- 作業未経験者がいる場合は，事前に勉強会を開催し，作業手順，注意事項を教え込む。
- 同じピストンの前回の整備記録，計測記録を準備し，今回の計測結果と比較できるようにする。また，計測した結果を評価できるようにメン

テナンスマニュアルに記載されている各計測値の限度基準一覧も用意する。

- 作業時に使う油圧ジャッキやトルクレンチなどの特殊工具／一般工具やシリンダライナ内径ゲージなどの計測要具，資材などを準備する。油圧ジャッキは事前に正常に使用できることを確認しておく（ガスケットの劣化で油圧を上げられないトラブルがよく発生する）。
- 主機上部にある天井クレーンの準備を行い，吊り上げワイヤの状態や作動の確認をする。
- 交換する予定のピストンリング，スタフィングボックスリングなどの部品やパッキン類などの消耗品を確認し，準備する。
- 機関長は事前に船長と作業内容，作業時間を打ち合わせ，Dead Ship になることの了解を得る。
- 作業前ミーティングを行い，作業スケジュール，手順，各作業員の役割，保護具の着用，安全上の注意事項の最終確認を行う。

（2）作業の実施

- 作業の開始を当直航海士に連絡し，自船の状況を確認する。
- 作業責任者である機関長は作業全般の安全確認，工程確認を行う。また，作業員の体調や疲労にも注意する。
- 潤滑油ポンプ，ジャケット冷却水ポンプ，燃料ポンプなどの関連する機器の電源を切り，操作禁止テープなどで誤操作防止を行う。ジャケット冷却水，燃料，圧縮空気などの関連する配管のバルブを閉弁する。
- 復旧時のミスを予防するために，取り外す配管，ナットなどには，ナンバリングやマーキングを行う。
- 天井クレーンやターニングギアの操作時には，コミュニケーションエラーによる人身事故に注意し，声や手による合図に加え，笛での合図を併用する。
- 配管を取り外した後は，配管内部に異物が入らないように養生を行う。

- 作業時に発見した不具合への対応に当たっては，必要であれば，陸上の船舶管理者や機関メーカーと協議し，最善の修復に努める。
- 開放後の組み込み復旧における作業ミスからトラブルに至るケースが多いので，インストラクションで手順を確認し，慎重な作業に努める。

（a）シリンダカバー取り外し

（b）ピストン抜き出し

（c）シリンダライナ内径計測

（d）ピストンリング装着の作業

図表 4.2　主機ピストン抽出作業
（出典：日本船舶機関士協会 HP）

（3）作業後の確認と記録

- 作業中に汚れた現場を清掃し，運転時の不具合発見を容易にする。
- 各ポンプを運転して水通し，油通しを行うとともに機関のターニングを行い，漏洩などの不具合がないことを確認する。

- 試運転に当たっては，船長，当直航海士と密に連絡をとるとともに，機関室の人員配置を決め，不測の事態に備える。
- 作業の記録を写真や各部の計測結果とともに整備記録として残す。また，シリンダ内各部の摩耗量，汚損度などから，燃焼状態の良否，作業インターバルの妥当性についても評価する。

＜整備作業時の作業ミスによる機関事故の例＞

※ その1：主機過給機のオーバースピードによる損傷事故

　　　減速航行中のN号において突然，主機排気管内で爆発が発生し，過給機がオーバースピードによって大破した。事故原因を調査したところ，補助ブロアの整備時，電動モーター用動力線の2本を間違えて結線し復旧したことによって，ブロアが正常回転方向とは逆に運転されていた。そのために，主機減速運転中は掃気不足が発生し，未燃燃料油が排気管内に溜まり爆発したものと推測された。

　電気配線を外す場合には，結線間違いを防止するためにマーキングを行うことは整備作業の基本です。また，機器を整備したときには最後に試運転を行い，正常に復旧されたことを確認しておけば，このようなトラブルは防げたはずです。

図表4.3　破損した過給機タービン翼（左）とブロア羽根（右）

※ その2：ディーゼル発電機原動機の足出し事故

（足出し事故：運転中のディーゼルエンジンで連接棒やバランスウェイトがシリンダブロックやクランクケースを破損して外部に飛び出すトラブル）

コンテナ船 O 号においてマラッカ海峡を通峡中に，No.3 ディーゼル発電機原動機で異音が発生した。No.1 および No.3 ディーゼル発電機を並列運転中であったので，直ちに No.2 ディーゼル発電機原動機を起動し，負荷を移行して No.3 ディーゼル発電機を無負荷にした。その直後に No.3 ディーゼル発電機原動機から爆発音が発生し，No.5 シリンダのクランクケースカバーが破損して連接棒，クランクピンボルトなどが飛び出した。

No.3 ディーゼル発電機原動機は入渠中に全シリンダのピストンを抽出する整備作業を行っており，その後 150 時間あまりの運転時間で事故が発生した。この事故による損傷はクランク軸にも及び，

（a）破損したクランクケース　　　　（b）曲損した連接棒

図表 4.4　ディーゼル発電機原動機の足出し事故
（出典：日本海事協会会誌）

修復には多くの時間とコストが生じることになった。事故原因はクランクピンボルトの折損状況から，ボルトの締め付け不足と推定された。

クランクピンボルトの締め付けは，従来のトルク締めから角度締めに変更しているエンジンメーカーもあり，作業前にインストラクションで確認し，決められた手順に沿って作業をすることが肝要です。

日本海事協会（NK）の機関損傷統計によると，NK船級船でのディーゼル発電機原動機での足出し事故は，近年も毎年15件程度発生しており，その原因はクランクピンボルトの締め付け不良による緩み，折損，脱落が大半です。ボルトの締め付け不良の要因は，締め付け力不足，ボルト座面への異物の混入，大端部セレーション部の亀裂の見落としなどが考えられます。

4.2　入渠工事

入渠工事の目的は，法令や船級協会の規則で定められた検査を行うこと，入渠中にしかできない整備作業，修理作業を行い船舶の信頼性や性能を改善することにあります。入渠工事においては，コストと船質保全，プラントの信頼性や性能回復とのバランスを考える必要があり，機関長は入渠工事計画策定に当たっては陸上の船舶管理者と十分に打ち合わせることが大切です。

入渠中は狭い機関室内で多くの作業が輻輳し，人身事故や火災が発生しやすい状況になります。また，Plant Down，Plant Up といった通常運航中は行わない複雑な作業も多いので，事前準備や安全管理が極めて重要です。

4.2.1　入渠工事の注意点

（1）入渠工事インデントの作成
- 機器の検査記録，証書から検査が必要な工事を確認する。

- 機関プラントの現在の懸案事項，不具合事項を把握し，検査工事以外で入渠時に行う工事を洗い出す。
- 予防保全の定期的な整備作業で，入渠時にしかできない作業を洗い出す。
- 工事に必要な予備品，消耗品の在庫を調べ，不足するものを列挙する（部品や消耗品の注文に際しては，規格表などによって正確な注文書を作成することがポイントとなる）。
- 入渠工事インデントを作成後，陸上の船舶管理者と打ち合わせ，最終的に入渠中に実施する工事，乗組員が行う作業と外注する工事の仕分け，発注が必要な予備品を決定する。

＜ Dock Indent 記載のサンプル（一部）＞

A. Sea Valves

The following sea suction and overboard valves to be opened, cleaned, surveyed by classification society surveyor, ground, two coats of Apex-ior No.3 to be applied and valves to be closed.

　　a) Main Sea Water Low Suction

　　　350A, Globe valve x 1 pc.

　　b) Main Sea Water Overboard

　　　350A, Sluice valve x 1 pc.

B. Piping Repairs

The following pipe to be replaced.

　　a) Sea Water Pipe of LO Cooler for No.1 Generator Engine

　　　Pipe　　STPG　　Sch40　　65A x 2000L x 2bends

　　　Flange　　5K 65A x 2 pcs

　　　Branch Pipe　　STPG　　Sch40　　25A x 300L

　　　Flange　　5K 25A x 1pc

---

(2) 入渠前の準備

- 船内ミーティングを行い，入渠工事に関する情報を共有するとともに，入渠中の安全管理に関して打ち合わせる。

- Plant Down，Plant Up の勉強会を行い，手順を確認するとともに，各自の役割を明確にする。
- 工事や検査に備えて，燃料油の切り換えやタンク内の液体のシフトを行う。また，入渠ドラフト調整のため，必要であれば燃料油のシフトを行う。
- 工事箇所に，わかりやすくマーキングを行う。
- Plant Up 時に必要な燃料油，潤滑油，清水を確保しておく。
- 受検をスムーズに行うため，保護安全装置の作動試験の手順を確認しておく。
- 機関継続検査（CMS）の対象機器を自船で開放整備した場合は，機関長報告，計測記録，開放時の写真などを準備する。
- 工事に必要な特殊工具や計測器具を準備しておく。

(3) 造船所との打ち合わせ

- 外注する工事（船主手配工事を含む）と，乗組員が行う作業を明確に区別し，造船所の工事担当技師と入渠中の工事，検査，積み込みのスケジュール（入渠工程表）を打ち合わせる。
- 入渠中の安全管理に関して，造船所のルールを確認の上，工事担当技師と打ち合わせる。
- 緊急時を含めて，船側，造船所側双方の連絡体制を確認する。
- 朝夕の定例ミーティングの開催について決めておく。
- 造船所から供給を受けるもの（電気，冷却水，圧縮空気）やクレーンの使用に関して打ち合わせる。

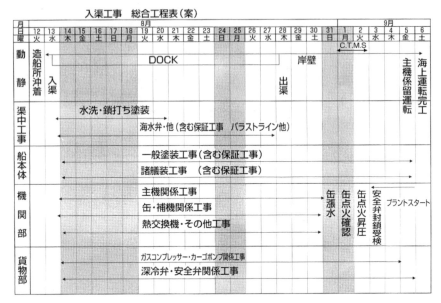

図表 4.5　入渠工程表のサンプル（一部）
（出典：日本郵船 LNG 船運航研究会著『LNG 船運航の ABC』成山堂書店，2006）

（4）入渠工事の実施，監督

- 入渠期間中，機関室内部は複数の作業が混在し，火災や人身事故などの災害が発生しやすい環境にある。機関長は毎日，作業前ミーティングを利用して機関部チーム員に具体的な安全対策を指示する。また作業終了後は機関室内のパトロールも徹底させる。

- Plant Down 作業において開閉したバルブは一覧にし，復旧時に消し込むことで操作忘れを防止する。

- 工事に関係する機器の電源ブレーカは必ず OFF にし，操作禁止テープやスイッチカバーで誤操作を防止する。

- 機器の開放，復旧，試運転など，工事の重要なタイミングでは担当機関士が必ず立ち合い，開放時の状況，部品交換の要否，復旧の状況などを確認する。

（a）船尾付近の錆打ち作業
（出典：『LNG 運航船の ABC』（既出））

（b）ピストン抽出作業中の主機上段

（c）整備のため熱交換器の搬出

（d）過給機タービンブレード検査

（e）ドライドックへの注水
（出典：日本船舶機関士協会 HP）

図表 4.6　入渠中の作業

- 工事中に発見された不具合や追加で必要な工事は，陸上の船舶管理者，造船所と早急に打ち合わせる。
- ドライドック漲水時や Plant Up 時は，機関室内の要員配置・体制を明確にし，不測の事態に備える。

(5) 出渠後の確認，記録

- 入渠工事によって，どの程度，船舶や機関プラントの性能が回復したのか確認する（船速，燃料消費量，ディーゼル機関の運転諸元，熱交換器の温度など）。
- 入渠中に行った懸案や不具合に対する工事の結果を確認する。
- 入渠工事の内容，計測記録は造船所から提出されたものを含めて，入渠記録として整理する。また，出渠後も残っている懸案事項は記録として残し，後任者にわかるようにする。
- 入渠工事で使用した予備品，消耗品は，必要であれば注文し補充する。

第**5**章

効率運航，コスト管理

　船舶を効率的に運航することは，乗組員が一丸となって取り組むべき業務課題ですが，とくに燃料の管理責任者である機関長は，船長とともに如何に燃料を効率的に使用するのか常に気にかけておく必要があります。船舶ではディーゼル主機の燃料消費率は時代とともに良くなってきていますし，またさまざまな省エネ装置が搭載されるようになりました。しかし，それらの機関，装置を適切に使用しなければ，本来の省エネ効果は得られません。また，船舶の効率運航は機関や装置の省エネ化よりも，船舶や機関の運用方法に大きく影響されることを認識する必要があります。

　船舶の運航に際しては，燃料のコスト（燃料費）以外に潤滑油や整備・修繕工事，消耗品などの費用が発生します。これらの費用は機関長が所管する業務に深くかかわっており，機関長は陸上の船舶管理者と協力して自船の適切なコスト管理を行うことも求められます。

5.1　燃料消費量の節減

　船舶の運航に必要なコスト（運航費）に占める燃料費の割合は個船によって差はありますが，通常は 50 % 以上の割合になり，燃料費は船舶の採算上で極めて大きなコストとなります。「燃料費＝燃料消費量×燃料油単価」であるため，燃料油の価格が上昇すると燃料油の消費量を節減する取り組み（いわゆる燃節活動）が強く求められることになります。

5.1.1 燃料油の価格と燃料費の節減

　燃料油の価格は原油価格の動向に強く影響され，最近 8 年間でも約 700 ド
ル/MT から約 200 ドル/MT まで大きく変動しています（図表 5.1 参照）。仮に，
航海中に 1 日 100 MT の燃料を消費する船舶の場合，100 ドル/MT の燃料油単
価の上昇は 1 日 1 万ドルの燃料費の増加，年間（300 日航走の場合）では約
300 万ドルの増加となります。

　よって，燃料油の価格が上昇すると，船舶はより徹底した効率運航が求めら
れ，陸上と船上が協力して燃節活動に取り組むことになります。燃料油は，で
きるだけ価格が安い港での補油が優先され，機関長は補油計画の見直しが求め
られることもあるでしょう。

　さらに，価格の安い，より低質な燃料の使用を陸上サイドから要請される場
合があり，機関長は自船の設備でその燃料が使用できるのか，技術的な検討や
判断をする必要もあります。たとえば，通常 380 cSt@50℃の粘度の HFO を使

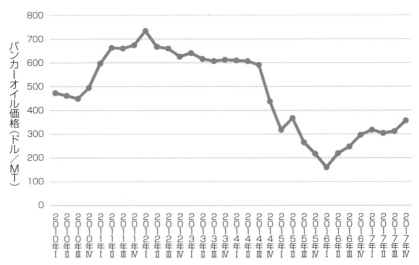

図表5.1　シンガポールでの舶用燃料油（380cSt HFO）の価格の推移
（「バンカーサーチャージ参考価格」（エネルギー情報ネットワーク）のデータを基に作成）

用している船舶で，500 cSt@50℃の粘度のHFOの使用を要請された場合，機関入口の適性粘度や移送に必要な粘度を得る加熱能力が，自船の機関プラントにあるのか確認する必要があります。また，一般的に500 cSt@50℃の燃料油は比重も大きくなりますので，燃料油清浄機がクラリファイヤ運転できるのかも確認すべきポイントです。

5.1.2　減速航行

(1) 減速航行の効果

ディーゼル主機の出力（燃料消費量）は回転数（船速）の約3乗に比例します。

$$主機出力（燃料消費量） \propto 主機回転数（船速）^3$$

たとえば，船速を20ノットから16ノットに落とし，20%減速すると，主機

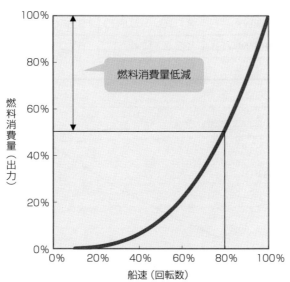

図表 5.2　船速と燃料消費量の関係
船速20%低下によって燃料消費量は約50%減少する。

の燃料消費量は約 50 ％ 減ります。20 ％ 減速することによって航海日数は 20 ％ 長くなりますが，一航海トータルとしては船舶の燃料消費量は減らすことができます。よって，航海中の船速を落とすこと，つまり主機の回転数を下げ減速運転することは，燃料消費量節減に大変に効果があります。

＜減速運転による燃料費節減の試算の例＞

　超大型原油タンカー（VLCC）が，ペルシャ湾から日本まで約 6000 海里を航行する場合を例にして，減速による燃料費節減効果を試算してみる。試算する VLCC の船速と主機出力の関係および主機出力から算出した燃料消費量を図 5.3 に示す。航行中の平均船速を 14 ノットと 12 ノットの 2 通りとして，必要な航海日数を算出する。また，燃料油の価格は 400 ドル/MT とする。航行中の全燃料費を船速別に計算すると以下

船速（ノット）	10	11	12	13	14
主機出力(kW)	8,010	10,680	13,850	17,630	22,000
燃料消費量(MT/日)	35.3	47.1	61.0	77.7	96.9

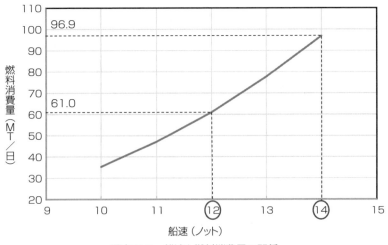

図表 5.3　船速と燃料消費量の関係

のようになる。

平均船速	14 ノット	12 ノット
主機出力	22,000 kW	13,850 kW
燃料消費量	96.9 MT/日	61.0 MT/日
航海日数	約 17.86 日	約 20.83 日
全燃料費	約 69.2 万ドル	約 50.8 万ドル

　14 ノットから 12 ノットへ 2 ノット減速することによって，航海日数は約 3 日（約 17％）長くなるが，総燃料費は約 18.4 万ドル（約 27％）節減される。

（2）主機減速運転の注意点

　ディーゼル主機は通常，常用出力近辺の負荷で最適な燃焼が得られるように調整されていますので，常用出力から大きく負荷を落とした減速運転を長時間行うことは，燃焼空気の不足，燃料噴射の不良などによる燃焼障害を引き起こすリスクが高まります。よって，長時間の減速運転を実施する場合は，トラブルを回避するために特別な対策や注意が必要になります。

　最近の電子式制御システムや可変ノズル過給機を装備した機関では，従来に比べて広い出力範囲で良好な運転ができるようになっていますが，長時間減速時の基本的な注意点は従来型の機関と同じです。

- シリンダ注油量が適切か判断するために，ピストンリングやピストン，シリンダライナの潤滑状態や汚れの状況を，通常運転の場合より頻度を高めて確認する（たとえば通常の半分のインターバルで）。とくに，機械式の注油器のように注油量が機関の回転数に比例する機関では，減速運転によって注油量過多に陥りやすく，余剰のシリンダ油が炭化してシリンダライナ，ピストンリングの異常摩耗を引き起こす懸念がある。
- 燃焼室周りの部品の低温腐食を予防するために，ジャケット冷却水の出

口温度を高めに維持する（90℃近くに）。

- 燃焼不良によって燃焼室周りや排ガスエコノマイザのチューブの汚れが著しく進行してないか，通常運転の場合よりもインターバルを短く（たとえば1か月毎）して目視確認する。排ガスエコノマイザについては，停泊中の内部点検に加えて航海中も排気ガスの出入口ドラフトロスを確認し，チューブ表面への煤堆積による汚損の進行度を把握する。そして，チューブの汚損が進行したらスートブローのインターバルを短くするとともに，早めに水洗を行うことがスーツファイアによる焼損事故を予防するために重要である。

- 掃気室や排気集合管の内部にシリンダ油や未燃油が滞留しやすくなり，火災・爆発事故のリスクが高まるので定期的（たとえば1か月毎）な点検，内部の掃除を実施する。

- 燃焼空気不足を避けるために，可能ならば補助ブロアの手動運転を行う。補助ブロアの連続運転中はモーターの過負荷に注意を要する。

- 掃気温度は高めに設定し，掃気の過冷却による空気冷却器出口のドレン発生量に注意する。また，発生したドレンがドレンセパレータで十分に分離されていることを確認する。

- 複数の過給機を装備するディーゼル機関においては，1台の過給機をカットすることが燃焼改善に有効である。

- VIT（Variable Injection Timing）を進角して燃料噴射タイミングを早めることも燃焼改善に有効である。

主機を長時間減速運転した後に減速を解除する場合は，主機や排ガスエコノマイザ内部の汚れが進行していることを前提に，十分な時間（たとえば12時間）をかけて慎重に増速する必要があります。

＜主機掃気室の爆発火災事故の事例＞

　　ばら積み船P号において入港前の減速時，主機補助ブロアが自動起動後に掃気トランク内部で爆発が発生した。掃気トランク内部は大きく損

傷して，本船は航行不能となり，タグボートに曳航されて錨地に着いた。

　事故原因については，主機掃気室ドレンパイプが閉塞していたこと，燃焼不良による未燃残渣物が掃気室に滞留していたことから，未燃残渣物が補助ブロアによって拡散され，燃焼ガスのブローバイが発火源となり爆発したと推測された。

　主機掃気室の爆発事故予防のポイントは，シリンダ内の良好な燃焼を維持すること，定期的に掃気室内の点検，掃除を行うことです。主機を長時間減速運転するときは未燃残渣物が掃気室内や排気集合管に滞留しやすく，とくに注意すべきでしょう。

図表5.4　主機掃気室の爆発による損傷

5.1.3　経年による燃料消費量増加

　船体外板，プロペラの汚れや表面粗度の増加によって，推進効率が悪化し，船速を維持するためにより一層大きな機関出力を必要とすることはよく経験することですが，結果として燃料消費量が増加しています。機関長は自船が建造後や前回出渠後から，どの程度燃料消費量が増加しているのか把握しておく必

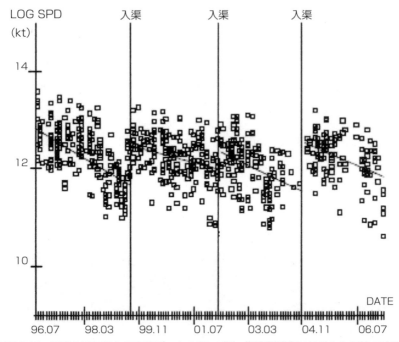

図表 5.5　船速の経年劣化の実船データのサンプル（燃料消費量一定とした船速の変化）
入渠ごとに船速は回復しているが，長期の視点では経年劣化によって徐々に船速の低下があることが読み取れる。

要があります。船舶の燃料消費量の現状データは，陸上の運航／船舶管理者と船上の管理者間で共有すべき重要な情報です。

　船体やプロペラの汚損は，基本的には入渠して洗浄，研磨，塗装によって改善させますが，入渠まで待てない場合は，船体外板やプロペラを水中クリーニング（UWC：Under Water Cleaning）することもあります。

　しかし，入渠による洗浄，塗装を実施しても船体外板の表面粗度は徐々に悪化し，回復できない経年劣化が生じます。この経年劣化を改善し船舶の性能を大幅に回復するために，入渠時に船体外板のサンドブラストを施工することもあります。これは細かな砂の粒を高圧で船体外板に打ち付けて，入渠のたびに塗り重ねてきた塗料を一掃し，錆も除去して外板を平滑化する工事です。

　そういった性能回復対策を実施するときは，大きなコストが掛かりますので費用対効果の検討，検証が大切です。

5.1.4　その他の燃料消費量節減対策

　主機の減速運転以外にも，機関長として燃料消費量の削減のために実施できる方策は少なくありません。個船毎の事情や効果を勘案したきめ細かい対応と，全乗組員の協力が必要でしょう。以下は，主機減速運転以外の燃料消費量節減対策の事例です。

- 発電機は船内電力を勘案して，できるだけ運転台数を最少にする。これは燃料消費量節減ばかりでなく，整備費用を削減することにもなる。
- 主機，発電機，ボイラ，排ガスエコノマイザなど重要機器の適切な整備により，機器の性能を維持する。燃費性能の良い主機を搭載していても，燃料噴射弁，過給機などが整備不良であれば計画された性能は発揮されない。
- 搭載されている省エネ機器を適切に運用，管理する。たとえば，排ガスエコノマイザと蒸気タービン発電機の省エネシステムを搭載している場合は，停泊中は早めにディーゼル発電機を運転して蒸気タービン発電機を停止しなければいけない。停泊中に補助ボイラで蒸気をつくり蒸気タービン発電機を運転すると，ディーゼル発電機の運転に比較して極めてエネルギー効率が悪く，500 kW の負荷で 3〜5 MT/日の燃料消費が増加することになる。また，蒸気タービンのコンデンサの真空度を落とさないように関連する機器を適切にメンテナンスすることも大事である。
- 過剰な燃料を持たないように適切な補油量を決める。過剰なバラスト水や燃料の保有は船体の重量を重くし，燃料消費量を増加させる。
- 燃料油の自動逆洗フィルタの逆洗インターバルを適切に設定する。燃料フィルタの過剰な逆洗は，燃料を無駄に廃油にしてしまう。
- 燃料タンクの過剰な加熱は避け，こまめな温度管理を徹底する。

- 燃料消費量節減効果がある燃料添加剤を使用する（費用対効果の検討が必要）。

＜船体重量の軽減による燃料消費量削減＞

　燃料消費量は排水量の 2/3 乗におおよそ比例する。よって，保有するバラスト水や燃料油の量をミニマイズすることは，排水量を少なくするので燃料消費量削減に有効である。とくに，大量のバラスト水を保有する船舶の場合は，船体強度，復元性，プロペラの没水を勘案した上で保有量の管理を徹底する効果は大きい。

　パナマックス型バルカー（載貨重量：約 7 万トン）での試算
- バラスト航海中の保有バラスト量：約 3 万 MT
- 2000 MT のバラスト水を減らすことによる船速の増加：約 0.1 ノット
- 船速が同じ場合の燃料消費量削減：約 2 ％

5.2　直接船費の節減

5.2.1　直接船費の内訳

　船員費，修繕費，潤滑油費，船用品費，保険料，諸経費，管理費は直接船費と呼ばれ，船舶を維持，管理し，運航可能な状態にするコストです。一方，減価償却費や金利は船舶を所有することによって発生するコストで間接船費と呼ばれます。直接船費のそれぞれの費用の内容は次のとおりです。

　船員費　　：乗組員の給与，食糧費，旅費，福利厚生費など
　修繕費　　：船体や機関の保守整備費，部品費用，入渠工事費，検査費用など
　潤滑油費：シリンダ油費，その他の潤滑油費
　船用品費：塗料や索具などの船内で使用される消耗品費，備品費など
　保険料　　：船舶保険料，PI 保険料など
　諸経費　　：通信費，監督旅費，その他
　管理費　　：船舶管理会社に払う管理委託料

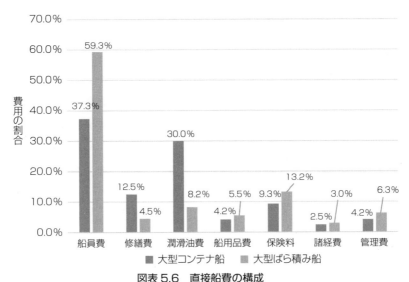

図表 5.6　直接船費の構成
入渠工事のない年の大型コンテナ船と大型ばら積み船のサンプル

　直接船費の額や内訳は，船舶の船齢，種類，大きさ，航路，乗組員の人数や国籍，入渠の有無などによって個船毎で大きな差があります。

　一般的に，船員費が直接船費の 40～60％ を占めます。ディーゼル船の場合，潤滑油費は大半がシリンダ油のコストであり，搭載されている主機出力の大きさに比例して費用が大きくなります。とくに，主機出力の大きい大型コンテナ船では，直接船費全体の 30％ 以上を占める場合もありますが，近年のように燃料費節減のために，常時，減速運転を行う場合は潤滑油費の割合は小さくなります。修繕費は，一般的に船齢が上がれば増える傾向にありますが，入渠工事のある年度は急増します。

5.2.2　直接船費節減のポイント

　修繕費，潤滑油費，船用品費については機関系の業務にかかわりが大きく，機関部の責任者である機関長は陸上の船舶管理者とともに，決められた予算を

意識してこれらの費用の節減に努めなければなりません。

それぞれの費用の節減のポイントは以下のとおりです。

- 修繕費／入渠費

  できるだけ乗組員が船体や機器の保守整備を行い，陸上業者による工事や入渠時の外注工事を減らす（前述）。また，予備部品は適切に管理し，過剰な予備は持たない。もちろん，安全運航に努め，機関事故を起こさないことが最大のコスト削減であることは言うまでもない。

- 潤滑油費

  システム油は性状管理を徹底して，突然の性状劣化によるシステム油の全量取り換えという事態を回避する。また，主機シリンダ油注油量を適切に管理し，過剰な注油を行わない（前述）。

- 船用品費

  乗組員の協力を得て，消耗品の使用管理を徹底するとともに，消耗品の品質にも注意をする（価格が安くても品質が悪いと，反対にコストアップになることも多い）。

<シリンダ油の減量によるコストセーブの試算>

主機平均出力 2 万 2000 kW で年間 300 日航行する船舶が，主機シリンダ注油率を 1.0 g/kW/hr から 0.9 g/kW/hr に減量した場合，年間のコストセーブを試算してみる。シリンダ油の価格は 1500 ドル/kℓ，密度を 0.94 g/cm³@15℃とする。

シリンダ注油率		年間シリンダ油消費	年間シリンダ油コスト
1.0 g/kW/hr	➡	16.85 kℓ/年	約 25.3 万ドル/年
0.9 g/kW/hr	➡	15.17 kℓ/年	約 22.7 万ドル/年

わずか 0.1 g/kW/hr の減量によって，年間で約 2.6 万ドルのコストセーブを期待できることがわかる。

第❻章
チームマネジメント

外航大型商船の場合，機関プラントの運転・維持や整備などのために，通常，7〜10名程度の船舶機関士，機関部乗組員が乗船しています。機関プラントを管理するに当たって，機関部の責任者である機関長は技術面ばかりではなく，機関部乗組員全員の人事・労務面の管理も行い，機関部をチームとして機能させることに努めなければなりません。また，外航大型商船は現状，ほとんどが多国籍乗組員の混乗船であるため，異文化のなかでチームマネジメントを行う必要があります。

一方，近年，ヒューマンエラーを予防する安全管理の手法として，Bridge Resource Management（BRM）同様に，Engine-room Resource Management（ERM）が注目され，その訓練が船舶機関士に強制化されました。ERMにおいては，管理者だけでなくチーム全員がリソースマネジメントを理解し，チームとして能力を発揮することが求められます。

6.1　機関長のチームマネジメント

6.1.1　管理者の業務

一般的に言えば，チームの管理者の業務は，チーム員の能力，設備，資金，情報などを有効に配分して，計画したチーム目標を達成することです。そのなかで，仕事の管理と改善，チーム員の管理と育成を行うのが管理者の役割であると言えます（図表6.1）。一般的に，仕事の側面にウェイトをかける管理者が多いようですが，人間の側面，とくにチーム員の育成にも積極的な管理者がバラ

1. 仕事の側面	2. 人間の側面
1-1 仕事の管理 品質・コスト・納期・顧客（CS）管理, チーム目標の設定, 進捗管理, 問題解決	**2-1 チーム員の管理** 人員配置, 就業管理, 安全衛生管理, チームの活性化
1-2 仕事の改善 業務改善, 改革の推進	**2-2 チーム員の育成** チーム員の育成計画, 職場内教育（OJT）, 自己啓発・集合教育（Off-JT）の援助

図表6.1　管理者の役割

ンスの取れた, 求められる管理者と言えます。

(1) マネジメントサイクル

チームの管理者は計画（Plan）→ 実施（Do）→ 確認（Check）→ 処置（Action）という手段を繰り返し（マネジメントサイクル）, 業務や目標の進捗管理を行うのが基本です。

Plan　：チームの業務計画や目標をチーム全員が参画して決め, 役割分担や優先順位を明確にする。

Do　　：業務の遂行に当たって, チーム全員の能力を効率よく発揮させる環境を整え, 阻害要因を取り除く。チーム員に報連相を徹底させ, 明確な指示を出す。

Check　：定期的に業務や目標の進捗確認を行い, 問題があれば原因を究明し, 新たな対策を検討する。

Action　：不具合や問題を改善し, 解決するための新たな対策を実施する。

(2) チーム員の育成

管理者は担当しているチームの業務目標を達成するとともに, その過程においてチーム員の育成を行うことが求められています。それは, チームの力を高めるにはチーム員の能力を高めることが不可欠だからです。チーム員はベテラ

ンばかりではなく，業務経験が少ない若手もいるかもしれません。個々人の能力や個性を把握し，レベルに応じた指導や支援が必要です。

　育成方法は仕事を通じて教える OJT（On the Job Training）が基本ですが，集合研修のような Off–JT や自主的に学習に取り組む自己啓発も含めて効果的に組み合せることが有効です。

＜OJT の進め方の例＞

本人に期待する目標を伝える。
　↓
マニュアルなど文書化したものに基づき，やり方を理由も添えて説明する。
　↓
自分が先にやってみせる。
　↓
本人にやらせてみて，すぐに評価する。
　↓
その後，本人に任せ，出来具合を確認する。
　↓
できていれば褒め，できていなければ注意し，もう一度指導する。

　しかし，管理者がチーム員の育成計画を立て育てようとしても，本人のやる気や取り組み姿勢とかみ合わずに空回りすることはよくある失敗です。管理者は本人がチームの一員としての達成感や満足感を得られるように常に意識して，やる気を引き出せるように根気よく教育，指導を行う必要があります。いつの時代も良い管理者は良い教育者でもあるのです。

(3) チーム員とのコミュニケーション

　管理者は職務を全うするために，チームを活性化し，安全で明るく楽しい職場をつくらなければいけませんが，そのキーポイントはチーム員とのコミュニ

ケーションです。コミュニケーションには，口頭と文書のコミュニケーション
がありますが，口頭でのコミュニケーションは言ったことの半分程度しか相手
に正しく伝わっていない場合もあります。よって，相手にわかりやすく伝える
こと，繰り返して伝えることや文章でのコミュニケーションの必要性を認識す
る必要があります。

　また，チーム員に対する指示は，誤解が生まれないように具体的，明確に伝
達しなければいけません。そして，指示が正確に伝わったか，必要であれば確
認することが，ミスコミュニケーションを防止する方法です。

　以下は相手にわかりやすく伝えるためのポイントです。このようなポイント
は口頭でのコミュニケーションの場合だけではなく，文章の指示書や報告書の
作成においても同じです。

- 言いたいことを最初に明確に話す。
- 話すことの全体像，大枠がわかるように話す。
  （例：「その理由は3つあります。1つ目は○○，2つ目は○○，3つ目
  は○○です。まず，1つ目ですが，…」）
- 例を引用して具体的に話す。
- 相手のレベルや気持ちに合わせて話す。
- 自信を持って，ゆっくりと話す。

　聴き手側にもミスコミュニケーションを防止する工夫が必要です。重要な指
示に対して，間違ってないか復唱すること，理解できない／疑問がある場合は
納得するまで確認することなどです。

(4) チームの活性化

　業務目標を達成するためには，チームを活性化しチーム員の能力をフルに引
き出す必要があります。管理者が気を付けるべきチーム活性化のポイントは以
下のような点です。

- チーム全員が納得した中でチームの目標を共有する。
- チーム員の責任と権限を明確にし，チーム員に最大限の裁量を与える。
- チーム員の業務に対するモチベーションを高める。
- チーム員と積極的に対話する。
- どんなときもチーム員に対して公平である。
- チーム員の業績を正当に評価する。

6.1.2　機関長の職務

　機関部の責任者である機関長の役割は，機関部というチームを率いて，船長や他の部門のメンバーとともに業務目標（安全に，効率よく，確実に貨物を運ぶ）を達成することです。機関長は機関プラントの技術管理と機関部のチームマネジメント，両方を行うプレーイングマネージャーであると言えます。外航大型商船の場合，そのチーム構成員が多国籍（混乗船）であるのも特徴です。

<　Safety Management System に記載された機関長の職責の例＞
　　①　Overall Management of Engine Department
　　②　Giving Advice to Master
　　③　Emergency Response

　船長はその船舶の統括責任者であるとともに，航海部門の責任者でもあります。機関長は船長の良き相談者であるだけではなく，船長の判断に疑問を感じたときは意見を言う役割も求められています。船長と機関長が信頼関係にあり，お互い協力して運航されている船舶は，恐らくチームマネジメントも上手く機能しているのではないでしょうか。

（1）現場力の向上
　企業経営の品質は，競争戦略，リーダーシップ，オペレーションの3つの要素で構成され，「強い企業」は，その3つの品質を高める努力を続けている企

業と言われています。企業活動におけるオペレーションを担っているのは，工場，建設現場，店舗などの現場です。オペレーションの品質を高めるとは，現場の高い組織能力（現場力）を維持することで，具体的には現場が自ら問題点を探し出し，解決する能力が高いことです。「強い企業」は強い現場力が競争力になり，企業価値を生み出しています。

海運企業について言えば，船舶が現場であり，その現場の安全・効率運航を維持する高い能力こそが企業競争力の原動力です。そして，船舶の現場を託された船長，機関長は，現場力を向上させることによって安全・効率運航という業務目標を達成することが求められています。

実際の船舶においては，通常の運航を維持する上でさまざまな問題や障害が発生しますが，それらの障害を大きな問題になる前に解決し再発

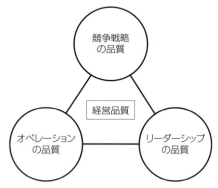

図表 6.2　経営の品質 3 要素
（出典：遠藤功『現場力を鍛える』
東洋経済新報社，2004）

防止を行って，迅速に通常運航に復帰する能力は現場力です。また，通常の業務手順や手法に疑問を感じ，安全性や効率性に優れた手法を見つけ出し変えていくのも現場力です。乗組員の意識のベクトルをひとつにして，日々の些細な改善活動を地道に継続することこそ強い現場力の原点です。たとえば，改善意識の高い乗組員は乗船後，間もない間に現場で感じた，「これは変だな」「これはまずいな」という気付きを大切にします。忘れないように必ずメモをしておき，何らかの改善策を行うものです。このような活動をチーム全体に拡げていくことが，現場力の向上につながるのです。

（2）混乗船でのチームマネジメント

　多国籍の乗組員の船舶であっても，管理者の役割は他の職場と基本的には変わりません。管理者は何よりもチーム員から信頼されることが重要です。その

機関長指示書

全ての機関士は MV.○○○号に乗船中は安全運航が最大の使命であると認識し，以下の指示を遵守すること。

1. プロフェッショナルとしての誇りを持つこと
   機関士の職務は，他の乗組員とともに，貨物を安全に効率よく確実に運ぶことである。そして，常に海難事故，貨物の損傷，海洋汚染などのリスクと隣り合わせである。重い責任を持った仕事をしていることを意識し，プロフェッショナルとしての誇りを持って職務に当たること。

2. 重大災害を発生させないこと
   - 人身事故
   - 機関室火災・爆発事故
   - 海洋汚染事故
   - 操船不能，船内電源喪失に至る機関事故

   これらの重大災害は絶対に発生させないように，業務手順を遵守するとともに，機関室内の異常やその兆候を見逃さないようにすること。また，機関室内の不安全行動，不安全状態に注意し，不具合に気付いた時は自ら改善行動を起こすこと。

3. 緊急事態発生時の対応に精通しておくこと
   乗船後，出来るだけ早く，以下の緊急事態への対処方法を確認すること。
   - 機関室火災発生時の対応
   - 主機遠隔操縦不能時の対応
   - 機関室浸水時の対応
   - 電源喪失時の対応

4. 機関室内の巡視の重要性を認識し，定期的に実施すること
   当直機関士：入直後，次直に引継ぎ前
   UMS 当番機関士：17 時（機関室無人化前），22 時（就寝前），06 時（起床後）

5. 担当機器のオペレーション，メンテナンスに精通すること
   乗船後，出来るだけ早く，担当機器の来歴や取扱説明書，メーカー技術情報などを読み，精通すること。

6. 直ちに機関長に報告すべきこと
   機関プラント，機関室内に不具合を発見した時，その兆候を感じた時
   船橋から機関プラント運転に影響する連絡や要請があった時

7. 情報の共有，コミュニケーションの重要性を認識し，積極的に行うこと
   当直機関士や UMS 当番機関士は，引継ぎメモに注意すべきことを記載し，次直に業務を引継ぐこと。
   業務や安全に関わる改善提案は積極的に行うことを期待している。

一等機関士 ＿＿＿＿＿＿＿＿　　二等機関士 ＿＿＿＿＿＿＿＿　　三等機関士 ＿＿＿＿＿＿＿＿

＿＿＿＿年＿＿月＿＿日　　　MV.○○○号　機関長 ＿＿＿＿＿＿＿＿

図表 6.3　機関長指示書（Chief Engineer's Standing Orders）のサンプル

ためには，技術的な知識や能力に対する信頼とともに，人間的な信頼を得ることが大切になります。混乗船でのチームマネジメントのポイントを以下に列記します。

- 部下が外国人の場合は，とくに雇用契約の内容を把握しておく。
- 業務に大きな支障が出ない範囲で，外国人の習慣や文化をできるだけ受け入れる。
- 業務の方針や個々の重要な業務指示は，文章で明確に示し，間違いなく伝わったか確認する（Chief Engineer's Standing Orders, Chief Engineer's Night Orders）。
- 業務の指導や指示を行うときは，できるだけ論理的な説明に努める。
- 個々人の責任，権限を明確にし，業務能力が十分でないときは管理者がバックアップする。
- 適性や能力を公平に評価し，人事考課に反映する。

(3) 機関部のチーム活性化のヒント

外航大型商船の職場は，チーム員同士が寝食もともにするという点で一般の職場と異なります。よって，チームを活性化するためには，業務中ばかりではなく，業務時間外にどのようにチーム員と付き合うのか，工夫が必要です。以下に，外航大型商船でのチーム活性化のヒントを列記します。

- チームの規律が保たれており，業務において緊張感があることは大切である。一方，チーム内に活発に意見が言える雰囲気があることは，安全運航上ばかりではなく，働き甲斐のある職場を実現する上で大変に重要である。このような職場を実現するのは，機関長の資質や意識に大きく依存している。機関長はチーム員のどんな意見や報告も注意深く聴き，前向きな返答を心掛けたいものである。
- チーム員の体調ややる気を毎日把握することは，一般の職場以上に重要である。常日頃から，全員と気楽に話ができる雰囲気をつくっておくの

がよいが，毎日，簡単な声をかける（たとえば，Good morning, Angelo. You look tired.）ことによってもチーム員の様子はわかるものである。また，積極的にプライベートな悩みの相談にも乗り，チーム員が一人で悩むことのないように注意する。

- チーム員が注意深い監視・観察によって機関プラントの不具合を見つけてくれたとき，また安全や業務の改善提案をしてくれたときなどは，Good Job, Good Idea と言って，みんなの前で称賛しよう。

- 乗組員が全員日本人であった時代は，休憩時間や仕事後の雑談がいろいろな業務経験を伝承し共有する場であったが，最近はそのような機会も少なくなっている。そこで，船内で定期的に技術的な勉強会を開催してはどうだろうか。このようなチーム員の技術レベルを向上させる取り組みは，外国人にも受け入れられやすいチーム活性化の方法だろう。

- チーム員が一体感を共有できるのは，たとえば機関トラブルに対してチーム全員で対応し解決した場合のように，業務上の障害を乗り越えて結果を出したときである。そんなときは，全員で慰労会を開催してはどうだろうか。また，チーム員の誕生日パーティを開催することなどもチームの融和に役立つ。

（4）労働時間の管理

　チーム員の就労配置，労働時間の管理は，管理者の基本的な職務です。従来から船上でも船員の資格，能力だけではなく，育成，公平性なども考慮して労務管理が行われてきましたが，近年，国際労働機関（ILO）の海上の労働に関する条約（MLC : Maritime Labour Convention）2006 によって，休息時間の付与について規制されるようになりました。

- 総労働時間規制：1 日 14 時間以上，週 72 時間以上の就労禁止
- 休憩時間規制：1 日 10 時間以上，2 分割まで，いずれかは 6 時間以上
- ただし，船舶や乗組員が危険に瀕しているときや海難救助の場合は例外

- 労使協定によって，船長への適用などは変更可能

　これは，重大な海難（とくに衝突，座礁事故）の多くが航海当直員の疲労による居眠りに起因していることから，船員の保護という面だけでなく，船舶の安全運航における必要性が背景にあります。「運輸安全委員会年報 2011 年版」によると，①居眠りによる船舶事故は全事故の約 10 %，乗揚げ事故の約 23 % を占めること，②居眠りによる事故は発生要因が，疲労，寝不足，気の緩みなどであると報告されています。確かに，乗組員の疲労は集中力や判断力の低下から，ヒューマンエラー増加や人身事故の要因になるでしょう。

　機関部においても機関長は，これまでもチーム員の資格，能力，育成や業務の安全，効率に加えてチーム員の体調，疲労度も考慮して労務管理を行ってきましたが，従来以上に厳格な労働時間，休息時間の管理を行うことが必要になりました。また，船内でルールどおりに管理されていることを船内記録簿（Record of Hours of Work）に記録することも求められています。

　チーム員に過度の疲労を与えないように休憩時間を適切に付与することは，チームの活性化や事故防止の面で重要ですが，現実はルールどおりの運用に苦労している船舶も多いようです。機関部においては，とくに，運航スケジュールがタイトな船舶においての停泊中の機器メンテナンスや，工事量の多い入渠中の業務に支障が出ていることが推測されます。個船の事情による労務管理の問題点については船上だけで解決できない場合もありますので，陸上の船舶管理者とよく打ち合わせ，一時的な労務支援などの解決策を見つける必要があるでしょう。

＜エンジニアの基本＞

　日本船舶機関士協会が収集した機関トラブル情報（2006 年 4 月〜2016 年 3 月，約 3300 件）の分析によると，船舶の運航に 24 時間以上影響を及ぼした機関事故は 212 件（約 6.4 %）あり，重大な機関事故の発生は決して少なくないことがわかります。著者の経験から言えば，それらの重大な機関事故のなかには，安全保護装置や警報装置が設置さ

れていても，何年かに一度，繰り返し起こっている事例がかなりありま
す（たとえば，補助ボイラの空焚き事故，プロペラ中間軸受の焼損事故
など）。そして，その原因の多くは複雑なものではなく，船舶機関士の
常識や基本動作，いわゆる「エンジニアの基本」ができていないことに
よって起こっているように思います。

　では，「エンジニアの基本」ができるとは具体的にはどのようなこと
でしょうか。これについては，経験豊かな機関長はそれぞれに意見をお
持ちでしょうが，概ね以下のような項目が含まれるのではないでしょ
うか。

- 機関プラント管理の基礎的な知識を有している。
- 五感を使った機関室の見回りを重視し，見回りでトラブルの兆候に
  気付く。
- 定期的に機関データの評価を行い，トラブルの兆候を見出す。
- 機関事故を予防するために注意すべきポイントを知っている。
- 経験だけに頼らず，機器のマニュアルや過去の記録などの情報を必
  ず確認する。
- 発見した不具合は積極的に改善する。
- トラブルの原因は徹底的に究明し，再発防止を行う。

　このような「エンジニアの基本」は，学校教育や社内研修では十分に習得で
きず，船内での日々の教育やある一定期間以上の業務経験によって形成される
ように思います。よって，機関長はとくに経験の少ない若手機関士のOJTにお
いて，このような基本を身に着けさせるように留意する必要があるでしょう。

　しかし，重大な機関事故を予防するには，個々のチーム員が全員，「エンジ
ニアの基本」を習得していることが絶対条件ではなく，機関部というチームと
して同じ機能を有していれば，事故は防げるのです。それが，以下に説明する
チームマネジメントが重要であるひとつの理由です。

6.2　Engine-room Resource Management（ERM）

2010 年 6 月の STCW 条約（マニラ改正）において，Bridge Resource Management（BRM）および Engine-room Resource Management（ERM）訓練が，船長／航海士，機関長／機関士に対して強制要件となり，2012 年 1 月に発効，2017 年 1 月に完全実施となりました。ERM について言えば，機関長・機関士は，従来は機関室の機器の取り扱いや当直維持にかかわる技術的な知識・技能を求められていましたが，今回の改正でコミュニケーションなどの人的要素を含めた機関室の管理資質が求められることになりました。

BRM も ERM も，船長や機関長だけが理解し実践するだけでは機能せず，チーム全員が理解し，その重要性を認識する必要があります。

6.2.1　BRM 訓練

1975 年以降に発生した航空機の大事故の反省から，ヒューマンエラーに起因する事故を防ぐために，Cockpit Resource Management（CRM）訓練が，主だった航空会社で取り入れられました。CRM は人間が必ずミスを犯し，それをゼロにはできないという前提で，チームワークを強化しさまざまな情報を有効活用することによって，事故に至るまでのエラーの連鎖を断ち切り，安全性

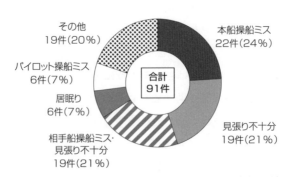

図表6.4　船舶の衝突事故の原因（7年間の大型衝突事故）
（Japan P&I Club, P&I ロス・プリベンション・ガイド, 第33号, 2015年1月のデータを基に作成）

を高めようというリスクマネージメントの考え方に沿った訓練です。

　船舶の衝突や座洲・座礁といった大事故も，航空機の事故同様にほとんどは
ヒューマンエラーに起因して発生することから，その対策として CRM の考え
方を船橋での操船業務に取り入れたのが BRM 訓練です。欧米の海運会社では
1990 年代に BRM 訓練が導入され，日本では 1998 年に大手海運会社で始まり
ました。

　BRM 訓練では安全運航を行うためにチーム全員が有効に機能することや，
以下の主要な要件（知識，理解，習熟）を認識することの重要性を学びます。

- リソースの適切な配置
- 任務および優先順位の決定
- 効果的なコミュニケーション
- 明確な意思表示
- リーダーシップ
- 状況認識力
- チーム構成員の経験の活用

図表 6.5　スタンバイ中の船橋内部
（出典：海の仕事.com）

　実際の訓練では，座学でチームマネジメントにおける上記の要件の重要性を学んだ後に，操船シミュレータを用いて，狭水道の通過や出入港の離着岸などの実船と同じ業務場面を再現し訓練を行います。訓練生は船長，当直航海士，操舵手などの役割を与えられ，海象の急変，接近する他船の動向，航海計器の故障などの障害のなかで，チーム全員で如何に安全に操船するかを体験することで，チームマネジメントの意識や能力を高めるのです。

6.2.2　ERM 訓練

(1) ERM の重要性

　ERM は BRM 同様に，機関室のリソース（要員，機器／設備，情報）を適切に管理し，チームを有効に機能させて機関プラントの安全運転を実現する手段です。機関部の多くの業務は，機関プラントの監視，運転維持，機器の保守整備，トラブル対応など，チームで実施する作業ですので，BRM の主要な要件は ERM においても重要なポイントです。

　たとえば，入港スタンバイ中に，機関アラームが発生した場合を想定して，前述の主要な要件が機関部の業務においても当てはまることを見てみましょう。

- リソースの適切な配置，任務および優先順位の決定
　　機関長は入港スタンバイ中の機関プラント監視，運転や不測の事態発生に備えて，機関室および機関制御室にチーム員の資格，能力や疲労度も考慮した適切な人員配置を行う。
　　機関プラントを監視するために，機関モニターの表示データ，チーム員の報告，船橋からの連絡などすべての情報を活用する。
　　機関長は機関アラーム発生に際して，対応作業の優先順位を考えてチーム員に行動を指示する。
- 効果的なコミュニケーション
　　機関制御室と機関室内のチーム員間，機関制御室と船橋間で確実なコミュニケーションがとれる体制をつくる（電話，ハンドトーキーの活用

など）。

　　機関制御室，船橋，機関室内チーム員がそれぞれ，お互いが連絡を取り合うべき事項を明確にし，船舶や機関プラントの状況を共有できるように密接なコミュニケーションをとる。

　　また，連絡は必要な事項を簡潔に伝える。

- 明確な意思表示とリーダーシップ

　　機関長は機関アラーム発生に際して，チーム員に対し自身の判断を明確に説明し，対応を指示する。

　　機関長の判断がおかしいと思えば，チーム員は職位に関係なく，自身の考えを伝える。

- 状況認識力

　　機関長や当直機関士は機関データやチーム員の報告から，機関プラントが正常運転されているか判断する。

　　機関アラーム発生に際して，有効な情報を収集し，適切な対応方法を判断する。

- チーム構成員の経験の活用

　　チーム員の持っている経験や技能を把握し，業務の遂行に有効活用する。

　　機関アラームへの対応を決定する際に，チーム員の意見や報告に耳を傾ける。

　従来から，機関部の管理者である機関長は事故なく，効率よく機関プラントを運転，保守するために，個人の経験によってチームをうまく機能させる努力をしてきたと思います。しかし，ERM が強制化されて，チームマネジメントを体系化された訓練によって学ぶこと，チーム活動におけるマネジメントの重要性を機関長ばかりでなく他のチーム員も認識することは，大変に有意義なことです。

(2) ERM の考え方

　ERM は BRM 同様に，安全運航，重大事故の予防という視点から，STCW
条約で強制化されました。しかし，船橋での船長，航海士の業務と違い，機関
部の業務においては，ヒューマンエラー（誤解，誤動作，誤判断，誤伝達など）
が重大事故に直結するのは限定的です。たとえば，入港スタンバイ中に，誤っ
て運転中の主機冷却海水ポンプを止めてしまった場合，どうなるでしょう。通
常は海水圧力の低下を検出して，直ちにバックアップ待機中の主機冷却海水ポ
ンプが自動で運転され，機関プラントにはほとんど影響は出ません。同じ状況
で主機潤滑油ポンプの誤操作による停止なら主機が危急停止しますので，直ち
に復旧対応が必要になりますが，もし入港スタンバイ中ではなく，大洋航海中
であれば恐らく大きなトラブルにはならないでしょう。

　つまり，ERM はヒューマンエラーを防止し安全運航を維持するための有効
な手法ですが，機関部の重大事故を防止するためには，加えて，技術面での知
識，能力や監視，整備の他，作業前の準備や打ち合わせ，エラー発生を想定し
た上での安全保護機能の正常確認やトラブル対応訓練も重要です。

　よって，ERM 訓練は，チームを有効に機能させることは安全運航のためば
かりではなく，機関部のあらゆる業務を適切に効率よく実施する上で必要であ
るという考え方をベースに構築すべきでしょう。また，ERM 訓練においては，
機関長も含めた機関部のチーム内部や船橋当直者との間で有効なコミュニケー
ションが取られていることが，最も重要なポイントであると思います。

　ERM 訓練はとくに以下のような状況を題材にした訓練を行うのが有効では
ないでしょうか。

- 機関データの異常発見時や機器の故障発見時の原因究明と対応
- 時間的な制約のある中で，的確な判断や対応を求められるトラブル対処
  （狭水道航行中の船内電源喪失，機関室での火災発生など）
- 船長や当直航海士からの至急の要請への対応（主機整備中の出港時間の
  前倒し，煙突から黒煙発生の連絡など）

- 作業前ミーティング（Tool Box Meeting）や安全教育の実施
- 入渠時の機関プラントアップ，プラントダウンのような特殊作業の実施

　また，「チーム構成員の経験の活用」の点では，従来は業務中の休憩時間や業務後の飲み会の時間は，ベテランの乗組員が若手の乗組員に失敗や成功の業務経験を伝え，情報を共有する場でもありました。飛行機のパイロットの世界でも，ハンガートークという格納庫で雑談や無駄話に花を咲かせる場が有効な情報交換，共有の場であったようです。

　機関プラント管理について言えば，さまざまなトラブルの経験をし，場数を踏むことによって，いざというときに適切な判断を臨機応変にできることも多いものです。しかし，最近はそのような暗黙知を学ぶ機会が少なくなっているようです。ERM訓練のように若手から管理者まで参加する訓練の機会は，ヒヤリ・ハットや事故の経験，成功体験などの情報交換の場としても利用したいものです。

（3）エンジンルームシミュレータの活用

　近年，船舶機関士の教育，訓練のためにフルミッション型やデスクトップ型など，さまざまなエンジンルームシミュレータが多くの教育訓練機関で活用されています。エンジンルームシミュレータを利用するメリットは，以下のとおりです。

- 機関プラントの全体の把握が実船に比べて容易である。
- 機関プラントの特定された運転状態をつくりやすく，何度でも再現できる。
- 機関プラントの不具合発生や機関アラーム発生など異常事態をつくりやすく，何度でも再現できる。
- 訓練生の反復訓練が容易である。
- 誤判断，誤操作を行っても機器の故障や事故の心配がない。
- 実船のような騒音，振動，暑さなどがない快適な環境において効果的に

教育，訓練ができる。

外航大型商船の場合，通常，機関プラントは個船毎にさまざまな違いがあり，機種毎にほぼ同じシステムである航空機とは異なります。よって，エンジンルームシミュレータを使った実務実習や運用習熟訓練も一般論になることはやむを得ませんが，とくに学生やジュニア機関士の教育を効率的に行うための有効なツールであることは間違いありません。ERM 訓練においてもエンジンルームシミュレータを利用することによって，臨場感が増し，とくに緊急事態発生を題材にした ERM 訓練には有効です。

<デスクトップ型エンジンルームシミュレータ（ERS）を用いた ERM
　訓練シナリオのサンプル>

✿ 訓練のシチュエーション

　　通常の大洋航海中に船内電源喪失（Black Out）トラブルが発生
し，機関プラントの復旧作業を行う。

✿ 訓練の前提

　　訓練生はシミュレータのモデルとなっている機関プラントを概ね
理解しており，また，シミュレータの操作にも習熟している。

✿ シナリオ

①　トラブル発生前の状況

　　船舶は主機 96.6 RPM，船速 11.3 ノットで大洋航行中，サブ
テレグラフは RUN UP。

　　2 等機関士が機関当直中で主機操縦権は機関制御室（ECR）
にある。

　　発電機は，蒸気タービン発電機（T/G）が単独運転で船内電
力を供給し，1 号ディーゼル発電機（No.1 D/G）が第 1 優先起
動スタンバイ発電機。

　　機関監視モニターには異常警報の発生はない。

　　機関長／1 等機関士は機関制御室で，2 等／3 等機関士は機

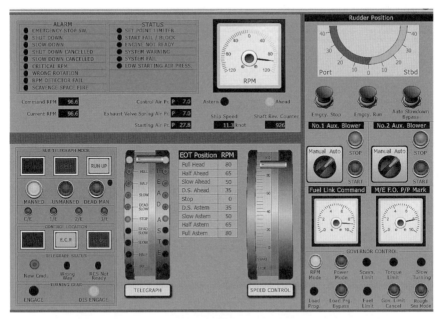

図表6.6　トラブル発生前の機関制御室エンジンコントロールコンソール
サブテレグラフ，主機操縦権，主機回転数などの運転状況を表示
（日本海洋科学，ARI ENGINE ROOM SIMULATORの画面（以下，図表6.10まで同じ））

関室内で業務中。

船橋には当直航海士が航海当直中。

② トラブル発生および直後の状況

突然，T/G 潤滑油入口圧力が低下し，保護安全装置が作動して
T/G が自動危急停止（**TRIP**），船内電源喪失トラブル（**BLACK
OUT**）が発生した。

T/G の異常停止や船内電源喪失による主機を含む各種機器の
異常警報が発生し，機関監視モニターに表示される。

また，船内電源喪失後，直ちに待機中の No.1 D/G が自動で
BACK UP 起動して，船内電源供給が再開される。

機関長，機関士は全員，機関制御室に集まる。

		ALARM LOG				
S.NO.	TIME	PARAMETER	UNIT	STATUS	ALARM VAL	CURR. VAL
0009	15:11:01	Turbine Gen. Condenser Vacuum (bar)	bar	High	-00.5	00.0
0010	15:11:01	Diesel Gen. No.1 Start/Stop	St/Sp	A-Stop	Start	Start
0011	15:11:01	Engine Room Alarm	Alarm	Reset	-----	00.0
0012	15:11:02	Turbine Gen. vacuum pump no.2 Start/Stop	St/Sp	STBY-START	Start	Start
0013	15:11:16	Turbine Gen. Low Vacuum Trip	Trip	Trip	----	00.0
0014	15:11:16	Turbine Gen. Trip	Trip	Trip	----	00.0
0015	15:11:17	Turbine Gen. Low Vacuum Trip	Trip	Reset	----	00.0
0016	15:11:17	Emer. Gen. Start/Stop	St/Sp	STBY-START	Start	Start
0017	15:11:17	Steering Gear Motors Not Running	Alarm	Alarm	----	00.0
0018	15:11:17	Main Sea Water Pressure	bar	Low	01.1	02.1
0019	15:11:18	Auxiliary S.W. Pressure Low	Alarm	Alarm	----	00.0
0020	15:11:19	Diesel Gen. No.1 J.C.W. Inlet Pressure	bar	Low	01.4	01.8
0021	15:11:19	Diesel Gen. No.2 J.C.W. Inlet Pressure	bar	Low	01.4	01.8
0022	15:11:19	Diesel Gen. No.3 J.C.W. Inlet Pressure	bar	Low	01.4	01.8
0023	15:11:19	M.E. Jacket Cooling Water Pressure	bar	Low	01.7	02.1
0024	15:11:23	Auxiliary S.W. Pump No.1 Start/Stop	St/Sp	STBY-START	Start	Start
0025	15:11:24	Steering Gear Motors Not Running	Alarm	Reset	----	00.0
0026	15:11:24	M.E. F.O. Viscosity Low	Alarm	Alarm	07.2	01.0
0027	15:11:24	Auxiliary S.W. Pressure Low	Alarm	Reset	----	00.0
0028	15:11:24	jacket cooling inlet pressure low slow down	Alarm	Alarm	00.8	00.0
0029	15:11:24	M.E. Auto Slow Down	Alarm	Alarm	----	00.0
0030	15:11:25	M.E. Fuel Oil Pressure	bar	Low	06.4	07.2
0031	15:11:26	Deck Seal Low Flow Alarm	Alarm	Alarm	----	00.0
0032	15:11:26	M.E. Fuel Oil Pressure	bar	Reset	06.5	07.2
0033	15:11:26	Aux. Blr. Low Feed Water pressure	Alarm	Alarm	-01.0	00.0
0034	15:11:28	Diesel Gen. No.1 Fuel Oil Pressure	bar	Low	01.0	02.8
0035	15:11:28	Diesel Gen. No.2 Fuel Oil Pressure	bar	Low	01.0	02.8

図表6.7　T/Gに異常発生後の機関監視モニターのALARM LOG
蒸気タービン発電機（T/G）の潤滑油圧力が低下しTRIP，その後
に引き続いて発生した機関アラームの記録

③　現状の把握

機関長，機関士は機関監視モニターなどで，トラブルの内容，
現状の機関プラントの状況を把握し情報を共有する。

- T/G が潤滑油の圧力低下で TRIP したこと
- そのために BLACK OUT が発生したこと
- 現在は，No.1 D/G が BACK UP して船内電源の供給を再
  開していること
- 主機が TRIP していること
- すでに，操舵装置には電源が供給され操舵は通常どおり可
  能であること

船内電源を供給している No.1 D/G の正常運転を確認する
（機関制御室内で得られる情報と発電機の機側で得られる情報

から）。

　機関長は船橋の当直航海士に BLACK OUT 発生と機関プラントの現状を連絡するとともに，自船の航行海域の状況を確認する。

- 船内電源喪失トラブルが発生したこと
- 現在，船内電源は確保されており，操舵機，航海計器は使用可能であること（通常どおり使用できていることを当直航海士に確認する）
- 主機は TRIP しており，これから再起動の準備をすること
- 主機再起動には○○分程度かかること

図表6.8　トラブル発生後の発電機のPOWER MANAGEMENT SYSTEM
No.1 D/Gが単独運転でACBはON，非常用発電機は自動起動し回っているが，ACBはOFFの状態

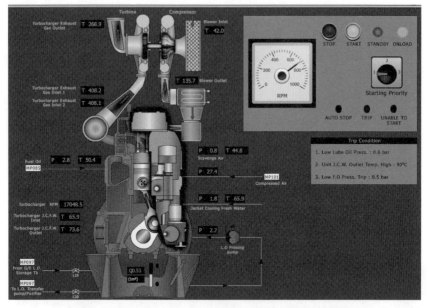

図表6.9　BACK UP した No.1 D/G の運転状態監視画面

④ 復旧作業の打ち合わせ

　　機関長は機関プラント復旧作業に当たり，作業の優先順位や確認すべきポイントを説明するとともに，各機関士の作業役割を指示する。

- BLACK OUT の復旧作業は手順書に沿って行うこと
- 主機再起動を優先させること
- BLACK OUT 後の機関プラント復旧作業と T/G 潤滑油圧力が低下した原因の究明を並行して行うこと

⑤ 主機の再起動

　　主機の TRIP を RESET し，機関監視モニターなどで運転できる状態にあるか確認する。

　　機関長は，船橋へ主機再起動が可能であることを連絡する。

　　各機関士は主機を再起動する作業の配置につく。

　　船橋からの指示によって主機を再起動した後，運転状態を機
関監視モニターや機側の状態で確認する。

　　機関長は，船橋に主機増速が可能であることを連絡し，船橋
からの指示で，主機をトラブル発生前の回転数まで増速する。

⑥　その他の機関プラント復旧作業を実施

　　機関長は各機関士に復旧作業の内容を指示し，現場の状況を
報告させる。

- 無負荷運転中の非常用発電機を停止
- 手動で復旧すべき機器（補助ボイラ，造水器，油清浄機，
  ファンなど）を順次運転

⑦　T/G のトラブル原因の究明，運転再開

　　T/G の潤滑油圧力が低下した原因を T/G の機側での状況な
どから究明する。

　　その原因と，修復作業の方針を機関長，各機関士が共有する。

- T/G 潤滑油圧力検出器への潤滑油導管が振動によって損傷
  し外れたことが，潤滑油圧力が低下した原因であること
- 損傷した導管を取り外し修理すること
- 導管を修理後に取り付け，潤滑油の漏洩がなく，圧力指示
  が正常になったことを確認すること

　　T/G の危急停止を RESET し，再起動できる状態にあること
を確認する（機関監視モニターと配電盤および発電機の機側で
の情報から）。

　　T/G を再起動し，運転状態が正常であることを確認する。

　　T/G の ACB を ON にして，No.1 D/G を停止し，待機状態に
する。

168

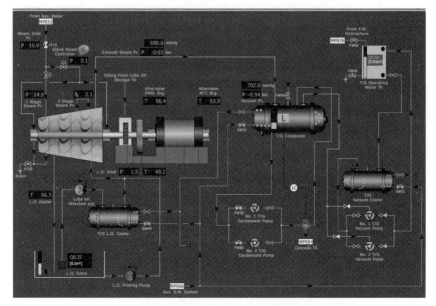

図表 6.10　T/G 再運転後の T/G の運転状態監視画面
潤滑油の圧力も正常に復帰

⑧　トラブルの完全復旧

機関プラントの完全復旧を確認する。

機関長は，船橋に機関プラントが完全に復旧したことと，ト
ラブルの原因を連絡する。

（訓練終了）

　ERM 訓練ではシナリオに沿った訓練を行った後に，通常，インストラクタ
は訓練生とともにデブリーフィングを行い，訓練を振り返って評価を行いま
す。トラブル対応のシナリオを使った訓練の場合，評価のポイントは，①トラ
ブルに対して技術的な判断／対応を適切に行い，機関プラントを許容される
時間内で復旧できたか，② ERM の要件を踏まえチームを適切に機能させてト
ラブル対応を実施できたか，ということになるでしょう。また，評価は訓練生

個々人の評価ではなく，チームに対しての評価にするのがよいでしょう。

　デブリーフィングによって，良かった点，悪かった点を訓練生全員で確認
し，もう一度，同じシナリオで訓練を行うのが訓練効果をあげるために有効で
あると思います。

おわりに

　近年，船舶でも陸上同様に環境保護に関する規制が強化されつつあり，船舶機関士も新たな技術への対応を迫られています。とくに排気ガス中の窒素，硫黄酸化物などの大気汚染物質排出規制やバラスト水排出規制への対応のために，船上には新たな機器や装置が搭載され，また規制対応燃料の使用が必要になるなど，船舶機関士はそれらの機器，装置や燃料の運用やメンテナンスに習熟しつつ，従来同様に安全，効率運航を遂行することが求められます。

　一方，通信やIT技術の発達によって，船上で得られる数々のデータや情報を陸上に送信し，解析を行って，船舶の管理や運航の最適化に活用しようとする新たな技術革新が始まっています。いわゆる，船舶ビックデータの活用です。機関プラントの管理に関して言えば，船上で頻繁に計測された大量の機関データを蓄積して状態診断を行い，故障の診断や予知，合理的なメンテナンスのタイミング察知などに活用する技術が実用化されつつあります。それらの技術によって船舶の安全性や経済性の向上，乗組員の労力軽減が図られれば，船舶機関士の業務上のさまざまな課題の解決にもつながります。

　このように，船舶の最適運航，安全運航の向上，乗組員の負担軽減を目的に，陸上からの技術サポートを強化しようとする動向に加えて，将来的には自動車同様に，人工知能を活用した自律運航船の実現にむけた研究もなされています。

　そのような新たな技術革新が進められる中において，船舶機関士の業務はどうなるのでしょうか。将来，無人船の実現で，機関プラントを船上で管理する船舶機関士は不要になってしまうのでしょうか。

　外航大型商船の機関室では船舶機関士が毎日，機関プラントの保守整備を行い，また，故障や不具合を発見し修復する業務を行って，船舶の運航を維持し

ています。著者の経験から言うと，機関プラントにおける故障発生頻度は船舶によって大きな差があり，機関の異常警報が2，3日に1度しか発生しない船舶もあれば，毎日，数回は発生する船舶もあります。機関異常警報が発生する以前に，乗組員が不具合を発見して大きなトラブルにつながることを未然に防止することも珍しくありません。故障や不具合の原因は，整備不良や運用不良といった人的なもの以外に，機器の経年劣化，燃料の性状不良の他，センサーの異常による誤警報などさまざまです。

　船舶においては，不具合が発生する前にすべての機器を整備し，機関プラントの信頼性を高めることは経済合理性の面でも現実的ではありません。現状は，重大災害や重要機器の故障は確実に予防し，マイナーな機器の不具合については発生してから乗組員が対応することも許容している，いわばリスクと経済性を考えた機関プラント管理が行われています。また，乗組員が乗船していることによって，機関室火災などの重大災害による航行不能や環境汚染などのリスクを軽減している面も見逃せません。

　そのような外航大型船の機関プラント管理の現状を考えると，機器の信頼性の大幅な向上や保守整備インターバルの大幅な延長を前提にすれば，人工知能を使った自律運航船は技術的には可能になるかもしれませんが，現実的にはかなりハードルが高いのではないでしょうか。したがって，船舶ビックデータの活用によって従来にはなかった技術的なリソースをうまく使い，陸上からの技術的な支援も受けながら，より一層合理的，効率的な機関プラント管理を行うことが可能になる，それが近い将来の船舶機関士業務のイメージではないかと思います。また，最近，注目されているMR（Mixed Reality）技術を利用して，陸上の船舶管理者や専門家が船上の船舶機関士と同じ現場情報を得られるようになれば，海上と陸上共同で機関トラブルの対応を行うことも現実になるのかもしれません。

　本書においては，船舶機関士，とくに機関部責任者である機関長が機関プラントの管理を行う上での考え方やポイントをまとめました。機関プラントの具体的な管理手法や注意点は時代とともに変化していきますが，基本的な考え方

はそれほど変わらないのではないでしょうか。

　現在，民間の海運会社においては，船舶の機関長はその船上での業務経験を活かして陸上のさまざまな部門で管理者として活躍されています。技術革新，環境規制，安全対策など，船舶機関士が取り組むべき課題は多いですが，本書が船舶機関士，機関長を目指しておられる方達のお役に立てば幸いです。

　本書の執筆に当たっては，日本郵船株式会社，NYK SHIPMANAGEMENT PTE LTD，NYK LNG シップマネージメント株式会社，一般社団法人 日本船舶機関士協会から多くの資料を提供いただきました。最後になりましたが，厚くお礼を申し上げます。

2018 年 9 月

明野　進

参考文献・資料

＜書籍＞

遠藤功.『現場力を鍛える』，東洋経済新報社，2004 年

中村昌允.『安全工学の考え方と実践』，オーム社，2013 年

異業種交流安全研究会.『命を支える現場力』，海文堂出版，2011 年

異業種交流安全研究会.『現場実務者の安全マネジメント』，海文堂出版，2015 年

一般社団法人 日本船舶機関士協会技術委員会 編.『船舶管理実務 基礎編』

ANA ビジネスソリューション.『ANA が大切にしている習慣』，扶桑社，2015 年

JMAM 管理者教育プロジェクト.『マネジャーの教科書』，日本能率協会マネジメン
　　トセンター，2005 年

＜雑誌＞

「月刊リーダーシップ」，No.697，日本監督士協会

「P&I ロス・プリベンション・ガイド」，第 30 号，Japan P&I Club，2014 年 3 月

「P&I ロス・プリベンション・ガイド」，第 33 号，Japan P&I Club，2015 年 1 月

「P&I ロス・プリベンション・ガイド」，第 35 号，Japan P&I Club，2015 年 7 月

「P&I ロス・プリベンション・ガイド」，第 38 号，Japan P&I Club，2016 年 9 月

＜資料＞

安藤隆士，木村秀雄. ERM 研修の紹介，「日本マリンエンジニアリング学会誌」，
　　Vol.51，No.3，2016 年 5 月

近藤宏一. 海技大 ERM 概要−機関シミュレータ及び事例解析の有効性，同上

橋本誠悟. STCW 条約改正と ERM，同上

三輪誠. 機関室シミュレータを用いた授業，同上

一般社団法人 日本海事協会. Port State Control 年次報告書，2017 年 7 月

一般社団法人 日本船舶機関士協会制作.「舶用潤滑油の管理，舶用燃料油の管理
　　（CD）」

一般社団法人 日本船舶機関士協会制作.「Summary of Marine Engine Trouble Cases
　　（CD）」

海上災害防止センター発行. 防火マニュアル，1987 年 3 月 1 日改訂

海上保安庁. 海難の現況と対策について 2016 年版

株式会社 日本海洋科学. BRM/BTM 訓練テキスト

株式会社 ClassNK コンサルティングサービス. Class NK CMAXS 製品紹介パンフレット

株式会社 MTI. Monohakobi Techno Forum 2016 講演会資料

機関第三研究委員会. SOLAS2000 局所消火の現状,「日本マリンエンジニアリング学会誌」, Vol.39, No.6, 2004 年 6 月

昭和海運株式会社 海務部. 若手機関士のための機器取扱指針, 1997 年 9 月

日本郵船株式会社. 技術資料, 技術データ, 技術情報

NYK LNG シップマネージメント株式会社. 技術資料

NYK SHIPMANAGEMENT PTE LTD. 技術資料

低硫黄重油（ULSFO）の性状・注意点の紹介, 日本油化工業シンポジウム資料, 2018 年 1 月 23 日

2015 年度の損傷のまとめ,「一般社団法人 日本海事協会会誌」, No.316

「舶用機関」, 第 58 号（CD）, 日本郵船機関長会・郵船機関士会会誌, 2003 年 11 月

Class NK アカデミー 船舶管理コース 事故調査分析テキスト, 2015 年 4 月

Class NK アカデミー 船舶管理コース リスクマネジメントテキスト, 2015 年 4 月

Marine Equipment Trouble Data Analysis and Marine Equipment-the Scientific View Feb. in 2017 Editorial Committee, Japan Marine Engineers' Association

Report of the Chief Inspector of Marine Accidents into the engine failure and subsequent grounding of the Motor Tanker BRAER at Garths Ness, Shetland on January 1993, Marine Accident Investigation Branch

＜ウェブサイト＞

株式会社 カシワテック ホームページ. Local Application Fire Fighting System
http://www.kashiwa-tech.co.jp/products/01_05.html

ClassNK ホームページ
http://www.classnk.or.jp/hp/ja/index.html

国土交通省, 海上保安庁, 厚生労働省の各ホームページ, 統計資料

索　引

【著者略歴】

明野 進（あけの すすむ）

1977年9月　東京商船大学商船学部機関科卒業

1977年11月　日本郵船株式会社入社，三等機関士

1995年6月　同社機関長

2007年4月〜2009年3月　同社経営委員 保船管理グループ長／船舶管理
　　　　　　　　　　グループ長

2009年4月　京浜ドック株式会社移籍

2009年6月〜2015年5月　同社代表取締役社長

2016年3月より　東京海洋大学海洋工学部海洋電子機械工学部門 教授

ISBN978-4-303-30570-3

実践 舶用機関プラント管理術

2018年10月30日　初版発行　　　　　　　　　　　　　　Ⓒ S. AKENO 2018

著　者　明野 進　　　　　　　　　　　　　　　　　　　検印省略
発行者　岡田節夫
発行所　海文堂出版株式会社

　　　　本　社　東京都文京区水道2-5-4（〒112-0005）
　　　　　　　　電話 03（3815）3291㈹　FAX 03（3815）3953
　　　　　　　　http://www.kaibundo.jp/
　　　　支　社　神戸市中央区元町通3-5-10（〒650-0022）

日本書籍出版協会会員・工学書協会会員・自然科学書協会会員

PRINTED IN JAPAN　　　　　　　　　　印刷　東光整版印刷／製本　誠製本